KLARTEXT

Claus M. Schmidt

Wunderbare Hundejahre

Anekdoten auf vier Pfoten –
eine Hommage an den besten Freund
des Menschen

Bibliografische Information der Deutschen Nationalbibliothek
Die Deutsche Nationalbibliothek verzeichnet diese Publikation in der Deutschen Nationalbibliografie; detaillierte bibliografische Daten sind im Internet über http://dnb.dnb.de abrufbar.

Impressum

1. Auflage Oktober 2018
Satz und Gestaltung: Ina Zimmermann
Umschlaggestaltung: Ina Zimmermann
Umschlagabbildungen: ©Jenny Sturm/stock.adobe.com,
Claus M. Schmidt und Astrid Larsen
Druck und Bindung: Multiprint GmbH, Kostinbrod 2230,
Slavianska Str. 10 A, Bulgarien

ISBN 978-3-8375-2040-8

Zum Schutz genannter Personen wurden manche Namen geändert.

KLARTEXT
Jakob Funke Medien Beteiligungs GmbH & Co. KG
Friedrichstr. 34–38, 45128 Essen
info@klartext-verlag.de, www.klartext-verlag.de

Der Autor

Claus M. Schmidt, Jahrgang 1952, verheiratet, zwei Töchter. Seit frühester Kindheit interessieren ihn Tiere. Hunde, Aquarien, Hamster und Wellensittiche belebten das Kinderzimmer. Wasserschildkröten und Molche wurden im Gartenteich versorgt, Eidechsen und Kröten im Freilandterrarium.
Nach dem Studium der Zoologie mit Schwerpunkt auf Verhaltensforschung und Evolution arbeitete Schmidt im Zoo, verfasste Artikel und Reportagen für die Zeitschriften seiner Idole Bernhard Grzimek, Konrad Lorenz (Hrsg. „Das Tier") und Heinz Sielmann („Sielmanns Tierwelt"). Später wurde er Redakteur und Chefredakteur des Magazins „Ein Herz für Tiere" mit seinen europäischen Tochterausgaben und der Zeitschrift „BBC Wildlife" (D). Mit seiner auf Tiere spezialisierten Agentur „animal.press" beliefert der Münchner Biologe heute Medien mit Berichten aus der Tierwelt.

INHALT

Vorwort

Eltern sollten sich sehr gut überlegen, was sie ihrem Kind in die Wiege legen. Bei mir war's Seppi, der Dackel mit dem Knopf im Ohr, von der Firma Steiff. Ein Geschenk von Patenonkel Georg. Mit einer Katze wäre es vielleicht anders – aber so bin ich wohl auf den Hund gekommen. Es folgten 60 Hundejahre. In der Familie, bei Tisch, bei Fuß, im Bett ... Dazu große und kleine aller Rassen und Mixturen von Freunden und Kollegen im gemeinsamen Büro. Für Fachzeitschriften besuchte und interviewte ich als Reporter die Größen der Szene, stand hinten auf dem Hundeschlitten, bespaßte Hundemodels auf Fotoshootings für Titelseiten, war unterwegs mit engagierten Mantrailing-Gruppen, auf Sportplätzen und in Tierheimen.
Über zehn Jahre schrieb ich als Ghostwriter für einen – man kann schon sagen – „Hundepapst", den selbst das englische Königshaus zu Rate zieht, wenn seine Vierbeiner im Palast und anderswo aus der Rolle fallen. Zusammen mit dem Studium der Verhaltensforschung, bei dem Wölfe, Hunde und ihre Domestikation ein großes Thema waren, dachte ich, das sei eigentlich schon eine ganze Menge.

Dann besuchte ich für eine Reportage den kleinen Hundesalon in München und lernte eine völlig neue Welt kennen. Ein eigenes Universum aus treuer Kundschaft, die ihre Zamperl teils schon in der dritten Generation herbringt, Charaktertypen und ihre Schicksale. Hunderte von Hundepersönlichkeiten hatte die Groomerin im Laufe der Jahre im Griff. Naja – nicht alle im Griff, aber fast alle. Ich hörte so einiges – von ziemlich normalen bis hin zu schrägen Herrchen und Frauchen und ihren Lieblingen. Zu viel für die Zeitschrift, die das Thema gerade mal mit vier Seiten eingeplant hatte. Es verdiente jedenfalls mehr als drei Fotos und 4.000 Zeichen Text. So verabredete ich mich zum Termin einer Pudelwäsche die Woche darauf. Und spätestens bei der Pediküre des Pudels nach Waschen, Schneiden, Föhnen, mitten in einem Berg von Haaren wurde mir klar, dass es endlich mal an der Zeit ist zu erzählen, was man mit Hunden alles erleben kann, was sie uns bedeuten und wir ihnen. Je länger ich mich mit dem Thema beschäftigte, desto mehr erhärtete sich mein lange gehegter Verdacht:

Sind sie am Ende doch schlauer als wir Menschen? Machen wir uns nichts vor: Im Laufe von Zehntausenden von Jahren, die Mensch und Hund zusammenleben, hat des Menschen bester Freund die Oberhand gewonnen und wir den Kürzeren gezogen. Daran ändern leider auch die vielen Ratgeberbücher und Hundeschulen nichts. Fakten gefällig? Wir kaufen ein für sie, räumen auf, was sie in Unordnung gebracht haben, machen sauber, was sie verschmutzen, loben ihren Stoffwechsel, tragen ihnen ihre Häufchen in Plastikbeuteln hinterher, sind Koch, Chauffeur, Leibarzt, Wärmflasche, Animateur, Personal Trainer und Bodyguard auf Ausflügen. Einmalig auf Erden: Wir zahlen ihre Versicherung und sogar ihre Steuern! So einen Mäzen könnten wir eigentlich auch gut gebrauchen.
Doch wir haben keinen Grund zu jammern – unsere Hunde haben es verdient, auf Händen getragen und nach Kräften betüddelt zu werden. Wir Menschen stehen schließlich seit mindestens 20 bis 40.000 Jahren tief in ihrer Schuld, und würden vermutlich ohne sie noch in kalten Höhlen hocken, wie Sie als Leserin und Leser dieses Buches anlässlich eines historischen Hundebegräbnisses erfahren werden.

Im Hundesalon:
Hier kommt keiner ungeschoren davon

„Ein Menschenhaar sind 70 Hundehaare.“

Erkenntnis einer Hundefriseurin

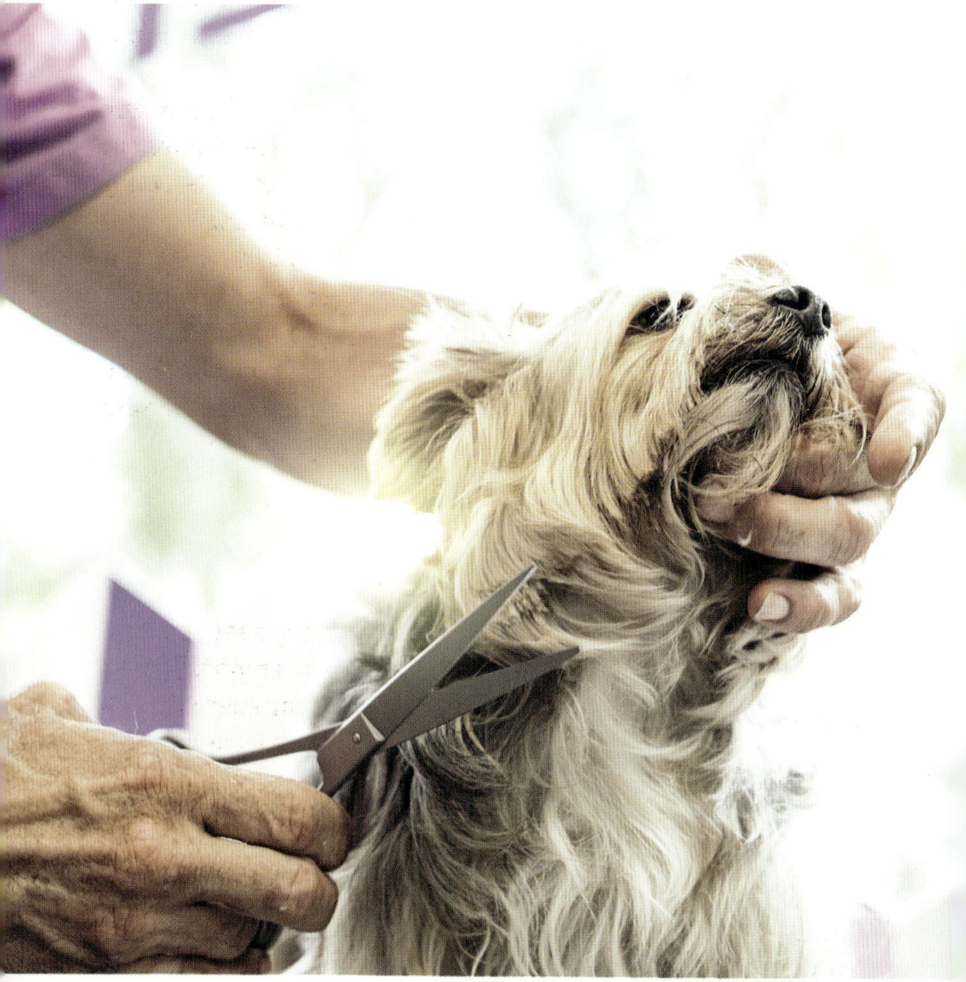

Feinschnitt am Bart

Als man in Indien noch zum Arbeitseinsatz Elefanten aus dem Dschungel fing, da wurden die wilden Riesen mit viel Getöse und Geschrei aus ihren Wäldern in eine Koppel aus Baumstämmen getrieben. In die ungewohnte Umgebung hatten die gewieften Mahouts eine zahme Elefantenkuh gestellt und mit Bergen von Blättern und Bananen versorgt. Von der Ankunft der Neuen ließ sich das brave Tier beim Futtern nicht stören. „Das kann ja bei den Menschen so schlimm nicht sein", sagten sich wohl die frisch eingekesselten Dickhäuter, sie kamen zur Ruhe, futterten und fügten sich in ihr Schicksal.
Den wichtigen Schlüsselposten des zahmen „Elefanten zur Eingewöhnung" vor Ort übernimmt im Hundesalon Simon ein Struppi namens Mali. Die Hündin im Mopsformat ist die Gelassenheit in Person. Jeden Besuch begrüßt sie schwanzwedelnd und schnuppernd mit routinierter Freundlichkeit. Schnuppern vorn und hinten – wie es sich unter Hunden gehört. Ohne großes Gebell oder Gehabe wirft sich die vierbeinige Empfangschefin dann mit einem Ächzen in ihr Körbchen neben dem Frisiertisch. Ihre Botschaft: Was hier vor sich geht, ist ganz normal und kein Grund zur Beunruhigung.

Einzigartig

Die elfjährige Mali ist von der Optik her nicht gerade ein Aushängeschild für einen Salon, der Hunde mit Shampoo, Bürste, Kamm und Schere stadtfein macht. Man traut ihr eher ein ganz passables Abschneiden beim Ugly Dog Contest zu – einem Wettbewerb amerikanischer Tierschützer um den hässlichsten Hund des Jahres. Malis Figur ist vorne breit, läuft aber nach hinten spitz zu, der Schwanz trägt ein paar fusselige Fransen, das hintere Ende des Körpers ist nur spärlich behaart – dafür prangen Brust, Hals und Wamme mit dicker, stichelig grauer Wolle. Gelb gefärbt wäre der Putz fast schon eine Löwenmähne. Aus dem Dickicht des opulent behaarten Köpfchens ragen neben einem

Paar Glubschaugen einige Dutzend weißer Strähnen wie Antennen heraus. Wenn es Vorher-Nachher-Bilder zur Hundeschur geben soll, dann wäre Mali auf jeden Fall für das Vorher-Modell favorisiert. Warum setzt Frauchen Beate nicht mal ihre bewährte Schere zur Verschönerung an? Beate Simon: „Ganz ehrlich weiß ich nicht, was da in dem Alter nachwächst und wie das aussieht – wenn überhaupt." Das vogelwild struppige Fell ist einer Fehlfunktion der Bauchspeicheldrüse geschuldet. Aufs Aussehen kam es Beate schon beim Start der Beziehung nicht an. Bei ihrem Urlaub auf Ibiza hörte sie von einem herrenlosen Welpen, der vom Tierheim nicht vermittelt werden konnte und dem nun die Tötungsstation drohte. Der Entschluss war schnell gefasst und nach den Routineuntersuchungen beim Tierarzt, den nötigen Impfungen und einer Wurmkur, für die es allerhöchste Zeit war, flog der vor kurzem noch so hoffnungslose Streuner als Handgepäck in sein neues Leben in München. „So, wie sie ist, ist's grad recht", sagt Frauchen. Außerdem findet sie, dass Mischlinge – anders als nach Standards gezüchtete Rassehunde – einmalig sind. „Mali ist ein Unikat. Manche Hunde sehen zwar hübsch aus, dafür fehlt es ihnen an Charakter."
Im Gegensatz zum Fell zeigte sich Malis Charakter von Anfang an als absolut makellos. Eifersucht – etwa weil Frauchen sich ständig mit anderen Hunden beschäftigt – scheint ihr völlig fremd. Sie hat schon so viele kommen und gehen gesehen – sie aber bleibt da, als Nummer 1, und wenn sie rausgeht, dann mit ihrem Frauchen.

Gelassen geht es zu in Beates Salon. Wenn die Chefin Termine macht, dann lässt sie immer 20 Minuten Luft, bis der nächste Kunde dran ist. Es könnte ja was dazwischenkommen. Nichts Großes – kleine Empfindlichkeiten an den Ohren, den Füßen oder sonst wo, die einfach ein wenig Geduld und Zureden erfordern. Und dann gibt es ja auch noch die bei Hunden, wie bei Menschen bekannte Angst vorm Friseur. Gerüchteweise soll der Nordkoreanische Herrscher Kim Jong Un sich die Haare selbst schneiden,

weil er zum Kreis der von dieser Angst befallenen Keirophobikern zählt. Vielleicht bräuchte man nur Mali oder eine ähnlich gutartige Kollegin an den Empfang eines Figaro zu setzen – und jeder hätte den Mut und das Vertrauen, seine Angst zu überwinden. Unendlich viele Gründe werden für die Abneigung gegen den Schnitt angeführt: Schlechte Erfahrungen, fremde Umgebung, laute Schermaschinen, Kastrationsangst ... oder es ist die Sorge um das Erscheinungsbild nach der Prozedur. Beate sieht es ganz pragmatisch. Sie weiß, dass nicht alle Hunde gern zum Friseur gehen und sie sieht – bei aller Liebe – auch, dass jeder ihrer Kunden schwanzwedelnd glücklich ist, wenn er endlich vom Tisch kommt. Sie kennt ihre Pappenheimer. Normalerweise fängt sie mit dem Scheren hinten an und macht den Kopf zum Schluss. Doch einige Kandidaten haben nicht genug Geduld. Sie werden nach einer Weile unruhig und mögen nicht mehr. Beate: „Ich hab keine Lust, dass sie dann nach mir schnappen. Denen mache ich den Kopf zum Anfang und danach den Rest. Hinten können sie nix mehr machen, wenn sie vorne angehängt sind."
Ihre Erfahrung: Wer die Prozedur nicht früh im Welpenalter als ganz normal kennengelernt hat, kann solche Ängste entwickeln. „Ich empfehle allen, mit ihrem Welpen so früh wie möglich zu mir zu kommen. Dann heben wir das Tier auf den Tisch, reden mit ihm, lassen es an den Instrumenten schnuppern, stellen den Scherapparat an. Da wird noch nix geschnitten."

Braver Hund! Beate Simon legt letzte Hand bei Pudel Zwergerl an.

Flucht auf den Frisiertisch

So passiert nicht, was sie einmal mit einem wibbeligen Terrier erlebte. Frauchen ließ ihn vor der Tür von der Leine, damit er auf dem Rasen davor noch mal das Bein heben konnte. Doch da hatte er schon längst erkannt, wo er war und was nun für ihn auf dem Plan stand. Hast-du-nicht-gesehen kniff er aus. „Eineinhalb Stunden haben wir nach dem Ausreißer gesucht. Zum Glück ist ihm nix passiert auf den Straßen." Ungeschoren ist er trotzdem nicht davongekommen. Mit dem Auto sind sie durchs Viertel gekreuzt und als der Ausreißer, der sich verlaufen hatte, sein Frauchen wiedersah, da brauchte sie nur die Tür zu öffnen und „er ist uns fast noch ins fahrende Auto reingesprungen". Dann kam er brav und zur Sicherheit angeleint auf den Tisch. „Hätten wir's gelassen, wär er beim nächsten Mal wieder weg." Beate ist da konsequent. Nur zweimal haben in den 32 Jahren, die sie nun schon ihren Salon betreibt, Kunden das Studio „halbfertig" verlassen. Einer war ein nervöser Riesenschnauzer, der um sich schnappte. Am hinteren Ende ging's ja noch, aber vorn, in Nähe der Riesenschnauze, wurde es brisant. „Mit dem leg i mi nit an", sagte Beate. Nur wenn er einen Maulkorb bekäme, wollte sie weitermachen. Aber die wehrhafte Kundschaft hatte den Braten gerochen – selbst das Frauchen konnte es nicht riskieren, den Maulkorb auch nur in die Nähe der schnappenden Schnauze zu bugsieren.

Über den zweiten Fall einer unvollendeten Behandlung muss sie heute noch lachen. Es war ein Rauhaardackel. Eigentlich ganz nett und zugänglich – solange bis er keine Lust mehr hatte, sich trimmen und zupfen zu lassen. „Ich hab noch nie einen Hund erlebt, der von einem auf den anderen Moment so von Null auf 180 umgeschaltet hat", sagt Beate. Der Dackel zappelte so sehr, dass er vom Tisch fiel. Passiert ist ihm nichts – aber zur Vernunft ist er mit dem Sturz auch nicht gekommen. Denn unten ging er nach kurzem Kopfschütteln wie von Sinnen auf die Beine von Beate und seinem Frauchen los. Die beiden Damen wussten sich nicht anders zu helfen, als auf den Schertisch zu steigen und sich so in Sicherheit zu bringen. Während sie da oben standen, wie die Karikaturen feiner Damen beim Anblick einer Maus, kühlte der Dachshund unten kläffend sein Mütchen. Leider war das lange vor der Zeit, als solche Situationen mit dem Handy gefilmt zu YouTube-Hits werden konnten.

Geduldig lässt Malteser Shiva sich von Andrea verschönern.

Die **50**er Jahre – Die Wirtschaftswunderjahre

Airedale Terrier Antje von der Löhnberger Mühle, um 1958

Als wir unseren ersten Hund bekamen, einen Airedale Terrier, war der ungefähr so groß wie ich – mit seinen vier Beinen allerdings viel kräftiger. Trotzdem verbaten mir meine Eltern, auf ihm zu reiten. Viel Wasser ist seitdem den Rhein heruntergeflossen, sagt man, wenn sich Lebensumstände wandeln. Der Krieg war gerade mal zehn Jahre vorbei, mein Vater noch nicht lange aus der Gefangenschaft heimgekehrt und durch die Straßen unserer kleinen Stadt an der Mündung der Lahn in den Rhein fuhren Jeeps mit Soldaten der französischen Armee, die in der Kaserne von Niederlahnstein untergebracht waren. „Samstags gehört Papa der Familie", hieß die Forderung der Gewerkschaften nach einer Fünftagewoche. Der typische Familienvater ging sechs Tage die Woche zur Arbeit und die Frau kümmerte sich um Haus und Kinder.

Die Pille gab's noch nicht und Contergan wurde von den Ärzten als unbedenkliches Beruhigungsmittel für Schwangere verschrieben, Homosexualität war ein strafbares Delikt, ein Impfstoff gegen die grassierende Kinderlähmung war noch nicht entwickelt. Die ersten Filme der klugen Collie-Hündin Lassie waren gerade in Schwarzweiß angelaufen. Wollte ich sie sehen, ging ich rüber zu den Nachbarn, die einen Fernseher hatten. Das Nachmittagsprogramm für die Kinder im ersten und einzigen Programm der ARD fing mit einer Kuckucksuhr an und nach dem Ruf des Kuckucks um 17 Uhr kam die Sendung „Erzählen, spielen, basteln" mit Erika. Eine Art gefilmter Kindergarten mit kurzen Disney-Zeichentrickfilmen als Highlight.

Das Schreiben erlernten wir auf Schiefertafeln im Format von Schulheften. Aus dem einfachen Lederranzen hingen ein gehäkeltes Läppchen und ein kleiner Schwamm. Damit konnte man die Tafel säubern, um sich erneut mit dem Griffel an Zahlen und Buchstaben zu üben. Für das Schreiben waren auf der Vorderseite der Erstklässler Hilfslinien für die großen und kleinen Buchstaben im Schiefer markiert, auf dem Holzrand der Tafel stand das Alphabet mit seinen 26 Buchstaben und dem ß, das uns als „Rucksack-S" vorgestellt wurde.

Heute verpönt: Hunde wurden mit dem ernährt, was in der Küche übrigblieb. Beim Einkaufen fragte man den Metzger nach Schlachtabfällen – Herz, Knochen und Pansen. Nicht nur die Ernährung, auch das Umweltbewusstsein ließ aus heutiger Sicht betrachtet einiges zu wünschen übrig. Wenn Montag bei Metzger Moos Schlachttag war, standen die Angler unter der Brücke auf dem großkalibrigen Abwasserkanal, der das Blut direkt aus der nahen Metzgerei in die Lahn entließ. Das lockte die Fische an. Die überall sichtbaren Probleme mit Verschmutzung und Vergiftung der Umwelt waren noch neu und wurden einfach hingenommen. Wer in den Fluss blickte, der mochte kaum glauben, was ältere Anlieger, die ihn von früher her kannten, erzählten. Nämlich, dass sie darin das Schwimmen gelernt hatten und dass man von den Landungsbrücken der Ausflugsdampfer aus die Kiesel am Boden in zwei Metern Wassertiefe sehen konnte.
Ein paar hundert Meter vor der Lahnmündung gab es aber noch den schwimmenden Badebetrieb Hell, mit angeschlossener Vermietung von Ruder- und Paddelbooten. Nebenverdienst für den Rheinfischer Hell, der mit seinem Fischerboot und Netzen täglich einige Zentner Fisch fing. Ende der 50er Jahre allerdings mochte niemand mehr im Rhein oder in der Lahn schwimmen. Das Wasser war dafür nicht mehr einladend, aber der Bootsverleih ging weiter. Braungelbe, stinkende Schaumberge türmten sich meterhoch unterhalb der Stauwehre.
Ein Schmier, der auch die Kiesel am Rheinufer bedeckte. Was heute ein Öko-Skandal wäre, wurde damals hingenommen. Traurig nur, dass der letzte Berufsfischer seine Fischerei einstellte, weil die wenigen Fische in seinen Netzen und Reusen ungenießbar waren. Fischer Hell übergab an einen Nachfolger, der nun an der einstigen schwimmenden Badeanstalt und dem Anleger für seinen Rheinkahn Liegeplätze für Motorboote vermietete. In den 50er Jahren waren die Schaumberge Zeichen des Aufschwungs, schienen die Kehrseite des Wirtschaftswunders zu sein. Wer schwimmen wollte, konnte dies im Koblenzer Freibad Oberwerth tun, später entstanden solche Freibäder mit hygie-

nisch gefiltertem und gechlortem Wasser auch in den kleineren Orten. Es gab noch keine Kläranlagen, die die Waschmittelfluten und das Abwasser vor den natürlichen Gewässern aufgehalten hätten. Bei Spaziergängen am Rhein konnte es durchaus vorkommen, dass man zwischen Uferkieseln und toten Fischen auch auf einen toten Hund stieß. In diesen Tagen musste man ohnehin aufpassen, wohin man trat. Denn Hundehäufchen in Plastiktüten zu verpacken und in der nächsten Tonne zu entsorgen, wäre niemandem in den Sinn gekommen.

Offensichtlich machte man sich, was Hunde betraf, zu der Zeit nicht allzu viele Gedanken über Hygiene oder Pietät. Unvorstellbar damals, dass es einmal Krematorien und Friedhöfe für Tiere geben würde. Ganz zu schweigen von den virtuellen Tierfriedhöfen, in denen man einen Gedenkplatz für seinen verstorbenen Liebling einrichten kann. Mit Grabstein und ewigem Licht.
Die schmutzigen Gewässer standen im Verdacht, Keime der Kinderlähmung mit sich zu führen. Weshalb das Baden im Rhein von vielen Eltern verboten wurde. Doch im Sommer, bei niedrigem Wasserstand, konnten wir neben der Anlegebrücke der Köln-Düsseldorfer Flotte trockenen Fußes bis weit ins Flussbett hineinlaufen. Bei diesen spannenden Expeditionen gab es Schätze zu heben: Patronen aus dem Krieg, ein Bajonett, Orden, Helme. Wir horteten die Kostbarkeiten, gaben sie her im Tausch gegen zerfledderte Comichefte aus der Reihe „Sigurd", „Tarzan", „Fix und Foxi", „Felix" – und den Heften der „Micky Maus", die gerade erst in die BRD gekommen waren. Weil auch mal scharfe Munition unter den Fundstücken war und die Rhein-Zeitung immer wieder über Unglücksfälle mit Handgranaten und Panzerfäusten aus Kriegstagen berichtete, war das schöne Abenteuer natürlich verboten. Als im trockenen Sommer 2018 der Pegel des Rheins auf den niedrigsten Stand seit Menschengedenken absank, tauchte in Mainz und anderswo im trockengefallenen Flussbett immer wieder scharfe Munition aus Kriegszeiten auf. Die Nachrichten warnten davor, solche Funde zu berühren. Sie

zeigten, wie Sprengstoffspezialisten die Granaten kontrolliert in die Luft jagten, weil sie für eine Entschärfung zu sehr verrostet waren.
Ein wenig flussabwärts des KD-Anlegers in Richtung Koblenz liegt die Löhnberger Mühle. Ein eindrucksvoller sechsstöckiger Ziegelbau, der im 19. Jahrhundert als Deutschlands größte dampfbetriebene Getreidemühle den Betrieb aufnahm. Mit riesigen Rohren konnten die Laderäume der Frachtkähne am Anleger der Mühle direkt aus den Speichern mit Getreide gefüllt werden. Generaldirektor Gustav Hempelmann konnte von der Terrasse seiner Dienstwohnung aus dabei zusehen.

Flötentöne für Terrier Antje

Sechs Welpen hatte die Airedale Terrier-Hündin Lotte von Familie Hempelmann. Man lebte in der angeschlossenen Fabrikantenvilla aus rotem Backstein mit Türmchen und krönenden Kapitellen, an der Löhnberger Mühle am Rheinufer in Niederlahnstein. Unsere Familien waren über den nahen Tennisclub befreundet, die beiden Töchter gingen in dieselbe Klasse der Hildaschule in Koblenz. Auf diesem Gymnasium machten Mädchen einen Abschluss, der wegen des Fachs „Hauswirtschaft" im Stundenplan der Oberstufe von Schülern anderer Zweige als „Puddingabitur" bezeichnet wurde.
Drinnen im Salon sprachen die Eltern über ihre Kriegserlebnisse und zündeten sich

Mit Cousin Dirk und Antje auf dem Weg zum Rhein, um 1957

eine nach der anderen der duftenden Orientzigaretten an. Direktor Gustav Hempelmann gelang das souverän und elegant, obwohl er nur mit drei Fingern an der rechten Hand aus dem Krieg zurückgekehrt war. Die nächste Generation – seine Tochter Ines, meine Schwester Elke und ich, wir kümmerten uns lieber um Airedale Terrier Lotte von der Löhnberger Mühle, die in ihrem Zwinger im Garten gerade sechs Welpen betreute. Hier draußen roch es nach Hund, nicht nach Orient – aber für uns war es herrlich. Die Welpen hatten Spaß, liefen uns nach und zerrten mit ihren spitzen Milchzähnchen an alten Socken mit einem Knoten drin. Die Eltern hatten Ruhe.

Eva Schmidt mit Antje, um 1958

Allerdings nur, bis sie mit uns nach Hause gingen. Was soll ich sagen – wir wollten einen Hund und argumentierten engagiert und ausdauernd. Es gab nur wenig, was dagegen sprach. Hatte nicht unsere Mutter Eva selbst schon von einem Irish Kerry Blue Terrier gesprochen, der ihr wohl gefallen könnte. Nach unserer Meinung waren Figur und Schur eines Airedale Terriers doch nahe dran an Mutters Traumhund. Wir lebten in der geräumigen richterlichen Dienstwohnung am Lahnsteiner Amtsgericht, hatten einen Garten mit Wiese, großen Obstbäumen und wilden Ecken zwischen den hohen Mauern der Jugendarrest-Anstalt, wo die „schweren Jungs" der Umgebung wegen kleinerer Straftaten, die heute mit einigen Stunden sozialer Arbeit abgegolten wären, für ein paar Wochen einsaßen. Die Gefängnismauer bildete einen Abschluss des Gartens zur Rechten, auf der anderen Seite war der Zaun zur Gärtnerei Degen, mit Blick auf die St. Barbara

Antje

Kirche. Ganz einwandfrei ein prima Platz für einen Hund, der hier auch mal ohne Aufsicht sein konnte.

Einer von Lottes Welpen war etwas heller, als es sich für den Zuchtstandard mit den Farben „Black and Tan“ gehört. Auch war Antje von der Löhnberger Mühle ein wenig zu klein für ihr Alter. Als Lottes letzter Welpe hatte sie noch keinen Abnehmer gefunden. Im Herbst zog Antje bei uns ein. Die Interessenlage von Kindern im Alter von drei bis vier Jahren ist der junger Hunde gar nicht so unähnlich. Wir spielten zusammen, maßen die Kräfte beim Tauziehen um geknotete alte Socken und rangelten um Tennisbälle, die nach einer Saison im Einsatz auf dem Platz beim alljährlichen Blätterfallturnier ausgemustert wurden. Hundeexperten raten ja heute von Tennisbällen als Spielzeug ab, weil große Hunde sie verschlucken und daran ersticken könnten. Das ist aber gottlob bei uns nicht passiert.
So wuchsen wir zusammen auf. Nicht wie Mensch und Hund, sondern eher wie Geschwister. Es wäre Antje nicht in den Sinn gekommen, irgendein Kommando von mir zu befolgen und als ich im Winter auf die glorreiche Idee kam, auf dem Schlitten sitzend ihre Leine zu halten und mich ziehen zu lassen wie ein Eskimo, da preschte sie auch schon los, der Schlitten fiel um. Schlau wäre es gewesen, wenn ich die Leine nicht weiter festgehalten hätte. Doch diese reife Reaktion war in der Schrecksekunde nicht mein Ding. So zog mich unsere Antje an der Leine im vollen Lauf durch den Schnee. Eine schöne Abwechslung für die Inspektoren und Sekretäre, die im ersten Stock mit Blick auf

den Hof ihre Akten herumtrugen und auf mechanische Schreibmaschinen einhämmerten.
Antjes erstes Halsband und die Leine stammten vom Salon Kehr in der Bahnhofstraße, bei uns um die Ecke. Eigentlich ein Friseursalon, doch es war zu der Zeit üblich, mehrere Produkte in einem Laden anzubieten. So ging man auf dem Weg zur Frisierstube durch einen Verkaufsraum mit Taschen, Gürteln und anderen Lederwaren und einen mit Parfümerie. Groß war die Auswahl an Leinen und passenden Halsbändern mit drei oder vier verschiedenen Modellen nicht. Aber Antje liebte das Geschirr. Nicht nur weil man das Leder herrlich kauen konnte – wenn auch nur eine Andeutung zum Spaziergang fiel, dann rannte sie zur Diele, packte ihre Ausgehsachen und brachte sie zu meiner Mutter, damit sie sie fertig für den Ausflug machte. Es war uns klar, dass der kluge Hund wirklich jedes Wort verstand. Die bloße Erwähnung eines Ausflugs brachte Antje zum Aufhorchen und wie ein Schaukelpferd hüpfte sie durch die Diele vor der Haustür herum. Die Begeisterung ließ sich aber noch steigern durch einen Anfeuerungsruf: „Geht die Antje mit, die Antje Schmidt?!“
Ja, sie hatte inzwischen auch unseren Familiennamen angenommen und freute sich darüber jedes Mal wie wild und tanzte schaukelnd im Kreis, wenn sie ihn hörte.

In der 5. Klasse, die damals am Gymnasium noch Sexta hieß, hatten wir alle im Fach Musik ein Instrument zu erlernen. Für so manchen, der zu Hause schon Klavier spielen konnte, wie Freund Rüdiger, war das kein Problem. Auch Wolfgang mit seinem Akkordeon war fein raus, ebenso wie Ingrid mit der Harmonika. Schrecklich waren die Bemühungen des Schreinersohns Horst, der sich an der Geige übte, was auch für weniger musikalische Zuhörer eine Qual war. Mein musikalischer Instrumental-Hintergrund beschränkte sich auf einige Auftritte mit der Triangel im Kindergarten anlässlich von Weihnachts- und Nikolausfeiern. Gemessen am Applaus und den Geschenken schienen die gar nicht mal so übel gewesen zu sein. Nachdem die Triangel

Sonntagsspaziergang an den Rhein. Schwester Elke, Antje, Tante Ursel, Mutter Eva, der Autor und Cousins, Lahnstein 1958

nicht zu den in der Sexta des staatlichen neusprachlichen Gymnasiums Oberlahnstein akzeptierten Instrumenten zählte, sollte es doch ein möglichst schlichtes sein, das man schnell erlernen konnte. Die Wahl fiel auf die Blockflöte.
Hunde haben ja ein hundert Mal feineres Gehör als wir Menschen und sie können Laute in sehr hohen Frequenzen wahrnehmen, die an uns unbemerkt vorbeigehen. Mir war nicht klar, ob ich in Antje einen ersten Fan meiner geflöteten Tonleiter hatte oder

ob sie aus Protest jaulte. Jedenfalls stimmte sie wie ein Wolf bei Vollmond ein, wenn ich übte. Meinen Eltern machte das so viel Spaß, dass ich diesen Auftritt wiederholen sollte, wenn wir Besuch hatten. Ich fand's ja auch lustig – aber manchmal hatten die Besucher ihre Töchter dabei und dann war's mir peinlich. Nicht der Auftritt selbst, sondern die Tatsache, dass ich zu Zeiten, in denen meine Generation die coolen Stones, Beatles, Who, Doors, Kinks ... entdeckte, nicht mit der Gitarre, sondern mit der Blockflöte dastand. Das mit der Blockflöte in der Schule und anderswo hatte sich dann für mich auch ganz schnell erledigt.

Sonntagmorgen war der Familienspaziergang dran. Samstags durfte man sich noch schmutzig machen, doch der Sonntag fing mit einem Bad an und sauberen Klamotten, wozu eine Hose mit Bügelfalte gehörte. Die ebenfalls sonntagsfeinen Katholiken der Gemeinde strömten zur Barbarakirche, deren Glocken uns über 50 Meter Luftlinie auch an Feiertagen zuverlässig zeitig weckten. Auf dem Gehweg kurz vor der Kirche wartete schon Hansi, ein mittelalter Mann, dessen Kopf nicht ganz in Ordnung war, auf milde Gaben der Kirchgänger. Hansi rauchte gern Zigarren und bekam von vielen einen oder zwei Groschen für die Stumpen, die man einzeln im Tabakladen Schauß an der Bahnhofstraße, dessen Besitzer für mich damals „Onkel Tabak" war, kaufen konnte. „Beißt der?", fragte Hansi über viele Jahre Woche für Woche, streichelte unsere Antje und bekam kleines Geld von meinem Vater.

Auf dem Weg zum Tennisplatz am Rhein konnten wir uns jedes Mal auf eine weitere Begegnung verlassen. Kurz vor dem Johanneskloster lag ein Haus mit einem dicht bewachsenen Garten rechter Hand. Schon bei der Annäherung nahm Antje eine gespannte, schleichende Körperhaltung an. Wie der Teufel aus der Kiste kam dann der große Schäferhund des Hauses aus einem Busch gefahren und ging bellend und knurrend auf uns los. Die beiden feindlichen Hunde begeiferten sich erbittert am Maschendrahtzaun. Das ging so über die ganze Länge des Gartens.

Unsere Antje regte das so an, dass sie sich wenige Meter weiter zum großen Geschäft hinhockte, um danach stolz und mit erhobenem Schwanz weiterzugehen. „Was machen die beiden bloß, wenn die sich mal kriegen?", wunderte sich meine Mutter ein ums andere Mal, ohne es aber wirklich wissen zu wollen. Irgendwann bekamen wir dann doch die überraschende Antwort auf ihre Frage.
Es passierte nämlich, dass das Gartentor zur Garage neben dem Haus offenstand. Die Hunde hatten sich wie gewohnt durch den Zaun gefetzt, gingen im Spaziergängertempo Meter um Meter weiter und standen sich plötzlich gegenüber. In solche Zwiste soll man sich bekanntlich nicht einmischen, weil dabei immer wieder Finger verlorengehen können. Doch die langjährigen Lieblingsfeinde waren von der Situation selbst überrascht und offensichtlich wollten sie ihr gewohntes Ritual trotz dieser unvorhersehbaren Komplikation fortführen wie immer. Mit bösen Blicken, aber ohne jegliche Feindberührung passierten sie die kritische Öffnung und gifteten einander die letzte Strecke durch den Zaun weiter an. Alles ging seinen gewohnten Gang, die Familie war erleichtert und ein paar Meter weiter natürlich auch unsere Antje.

Als wir in den 60er Jahren von Niederlahnstein nach Oberlahnstein zogen, fand Antje zum Glück auf ihrem neuen Weg auf den Taunushöhen neue Freunde und einen neuen Lieblingsfeind, der die Verdauung ankurbelte.
Doch das Alter machte sich bemerkbar. Die inzwischen erblindete Antje trottete gegen parkende Autos und fiel auch einmal in eine Baugrube. An der Leine geführt ging es, doch dann hatte sich ihr Krebs ausgebreitet. Dreizehneinhalb Jahre alt war unsere Antje, als wir schweren Herzens den Tierarzt riefen, der sie sanft narkotisierte und einschläferte.
Unterhalb unseres Hauses waren am Waldrand noch Schützenlöcher mit Blick auf Lahn und Rhein, die in den letzten Kriegstagen ausgehoben worden sind, um die Amerikaner aufzuhalten.

Wir legten Antje mit ihrer Decke, ein paar Blümchen aus dem Garten, ihrer angekauten Leine und ihrem Halsband in Blickrichtung zur Burg Lahneck und dem Tal hinein und schaufelten das Grab zu mit dem lehmigen Boden, den das letzte Aufgebot der Heimwehr in Richtung Rhein, Lahn und der Front angehäuft hatte. Die Familie war in Tränen aufgelöst. Das wollten wir alle nicht noch einmal durchmachen. Nie wieder!
Aber nach einer gehörigen Zeit der Trauer überlegten wir es uns dann doch noch einmal anders.

In den letzten Lebenswochen trug die 13-jährige Antje einen Verband.

Badetag an der Lahn, 1955

Rund um den Hund:
Wo der Hund begraben liegt

Kein Land hat eine längere Geschichte von Hundebegräbnissen als Deutschland. Rund 50 Kilometer rheinabwärts von Antjes letzter Ruhestätte fand sich 1914 in einem Steinbruch bei Bonn-Oberkassel ein Doppelgrab, das in die Geschichte einging. Als weltweit ältestes Hundegrab! Vor 14.700 Jahren wurden dort ein Mann und eine Frau Seite an Seite mit einem Hund beerdigt und ihre Überreste unter dicken Basaltplatten geschützt vor Höhlenbär, Fuchs und Wolf. Der Rhein mit seinem Reichtum an Fischen, die Ufer mit ihren Wildpferden, Antilopen, Wollnashörnern, Mammuts, Hirschen und Karibus war zu ihren Lebzeiten, dem Ausgang der letzten Eiszeit, ein beliebtes Jagd- und Wohnrevier der Steinzeitjäger. Von der Eifel mit ihren dampfenden Quellen, todbringenden Gasen und unberechenbaren aktiven Vulkanen, die immer wieder Lava und Asche in den Himmel bliesen, hielten sich Menschen in dieser unruhigen Epoche lieber fern. Die Steinzeitjäger waren die modernen Nachfolger der Neandertaler; Menschen wie wir, die mit unserer Kleidung heute auf der Straße nicht weiter auffielen. Die Todesursache des etwa 50-jährigen Mannes und der rund 25-jährigen Frau lassen sich anhand der Gebeine nicht mehr ermitteln – aber wir dürfen wohl getrost annehmen, dass der Hund nicht etwa zufällig zeitgleich mit Herrchen und Frauchen eines natürlichen Todes gestorben ist. Vermutlich hatten die Hinterbliebenen ihn ins Grab gelegt, damit er seine Menschen in so etwas wie die ewigen Jagdgründe der Steinzeit begleitet. Untersuchungen des genetischen Materials, das sich in Knochen und Zähnen fand, zeigten, dass es sich bei dem Hund um einen echten Vorfahren all unserer heutigen Hunde vom Afghanen bis zum Zwergpinscher handelt. Auch die wilden Paria-Hunde Indiens und die Dingos in Australien gehen auf den Oberkasseler Hundetypus zurück.

Die Geschichte der ältesten Freundschaft

Ehrfürchtig staunen wir über 15.000 Jahre gemeinsamer Geschichte. Doch die Partnerschaft begann viel früher. Gut erhaltene Pfotenabdrücke aus noch älteren Tagen zeigen, dass Oberkassel nicht der Anfang ist, sondern lediglich das beredte Zeugnis einer Etappe der kontinuierlichen gemeinsamen Geschichte von Hund und Mensch über einen unglaublichen Zeitraum. Als die Malereien der Höhle von Chauvet im Jahr 1994 entdeckt wurden, kamen damit eindrucksvolle Zeugnisse einer Kultur der Menschen zutage, die vor 31.000 Jahren im Tal der Ardeche im heutigen Frankreich lebten. Mit Ocker und Holzkohle verewigten sie das Tierleben an den Wänden. Wollnashorn, Rentier, Mammut, Wildpferd, Auerochs und Wisent sind wie in einer Galerie zu besichtigen. Neben den Beutetieren finden sich auch furchterregende Wesen wie Löwen, Leoparden und Bären. Aber auf der Jagd standen unsere Vorfahren nicht allein und ohne Schutz da. Sie waren wohl in Begleitung von Hunden. Wie eng die Partnerschaft war, darüber lässt sich nur spekulieren. Immerhin gibt es Belege dafür, dass die frühen Maler ihre Höhle mit Hunden teilten. Fanden sich doch zur Überraschung all jener, die bis dahin den Hund von Oberkassel

Hund und Herrchen im Wandel der Jahrzehnte

als einen der ersten „Haushunde“ sahen, deutliche Abdrücke von Hundepfoten im lehmigen Boden der feuchten Behausung. Anhand der Ballenstellung konnten Forscher eindeutig nachweisen, dass die Spuren von Hunden und nicht etwa von Wölfen stammen.

DNS-Analysen von Funden auf anderen Kontinenten zeigen, dass der Stammbaum der Hunde sich bereits vor 135.000 Jahren von der Wolfslinie entfernt hat. Der Erfolg des modernen Menschen Homo sapiens, verläuft demnach zeitlich parallel mit der Haustierwerdung des Wolfs. Hatte in den frühen Tagen des Homo sapiens der vernunftbegabten Krone der Schöpfung, ein kluges Raubtier entdeckt, dass es ganz praktisch war, in unserer Gesellschaft zu leben? Und hat Homo sapiens erkannt, dass ein Begleiter, der mit seiner feinen Nase Wild aufspüren, verfolgen und hetzen kann, eventuell ein nützlicher Partner ist? Einer der unter Umständen auch mit einem Knurren und Bellen rechtzeitig anzeigt, dass ein Höhlenbär um die Ecke kommt?
Beispiele solcher Kooperationen im Tierreich und zwischen Tier und Mensch gibt es genug. An einigen Küsten Asiens und Afrikas treiben Delfine Schwärme von Fischen in die Netze und erhalten dafür einen Anteil des Fangs von den Fischern. In Afrika führt der Honigweiser, ein Vogel, Menschen zu den Nestern von Wildbienen. Die Menschen brechen und öffnen die Waben, ziehen mit dem Honig ab, lassen dem Hinweisgeber aber einen fairen Anteil als Lohn. Eine solche Symbiose könnte auch das „Geschäftsmodell“ von Mensch und Hund gewesen sein. Schon damals gab es sicherlich überall, wo Menschen lebten, Abfall und Knochen zum Kauen.
Hatte ein Vater ein Wolfsbaby als Spielkameraden für seine Kinder von der Jagd mit nach Hause gebracht? Hatte die Mutter das süße Wollknäuel mit ihrer Milch versorgt, wie dies auch heute noch bei Naturvölkern und ihren Haushunden geschieht? Der verstorbene Wolfsforscher Erik Zimen hielt das für einen plausiblen Start der Freundschaft zwischen Mensch und Hund. In einer solchen Situation werden Welpen wie Familienmitglieder

sozialisiert. Und ihre wölfischen Instinkte werden ihnen geholfen haben, sich nahtlos in einen Sozialverband einzugliedern, der ihnen aus der eigenen Geschichte vertraut ist. Wölfe leben in einem Familienverband, der durch Hierarchie, Arbeitsteilung und gemeinsame Sorge für den Nachwuchs bestimmt ist.

Womöglich war eine solche Szene ein viel größerer Fortschritt für die Menschheit als die Erfindung von Pfeil und Bogen, des Rads oder der erste Schritt auf dem Mond. Nicht nur Werkzeuggebrauch und die Fähigkeit Waffen zu produzieren hätten uns den Erfolg beschieden, sondern unsere Kooperation mit einem wilden Tier, das schließlich zum treuen Weggefährten wurde. Leider war bei diesem historischen Ereignis noch kein TV-Doku-Team dabei.

Sicher ist, dass wir unseren Hunden viel – wenn nicht womöglich alles – zu verdanken haben. Vielleicht säßen wir ohne sie und ihre Hilfe noch heute in kalten Höhlen wie die Neandertaler. Ohne Hunde hätte es der Mensch vermutlich nicht geschafft, den göttlichen Auftrag des Alten Testaments der Bibel zu erfüllen: „Seid fruchtbar und mehret Euch und füllet die Erde und machet sie Euch untertan ..." Ein 13.000 Jahre altes Hundegrab fand sich in Israel, ein 10.000 Jahre altes im nördlichen Amerika – was zeigt, dass auch die ersten Siedler der Neuen Welt, die über die damals zugefrorene Beringsee von Russlands fernem Osten aus Amerika besiedelten, die Reise nicht ohne ihre Hunde angetreten hatten.

So gesehen ist es eigentlich nur recht – wenn auch nicht immer ganz billig –, dass wir den besten Freund des Menschen heute auf Händen tragen und für ihn sorgen.

Die 60er Jahre –
Das Ende der Bescheidenheit

Schwager Henry mit Hugo, Maggia/Tessin, um 1966

Als John Lennon, Paul McCartney und George Harrison 1962 (damals noch ohne Ringo Starr, aber mit Pete Best am Schlagzeug) im Hamburger Star-Club spielten, erklärte der Chef des Beat-Schuppens in St. Pauli, der mit den vier Musikern für kleines Geld die Beatles engagiert hatte: „Die Zeit der Dorfmusik ist vorbei."

Auch beim Hundefutter, das man zu der Zeit immer noch beim Metzger kaufte, sollte bald eine andere Musik spielen. Was der in Papier einschlug und in die Tüte packte, trug noch keine Namen, wie sie später von schicken Werbeagenturen ersonnen wurden. Man nannte es einfach Herz, Pansen, Ochsenstriemen oder Schweineohr. Was tatsächlich irgendwie nach „Dorfmusik" klingt. Der Metzger ging nach hinten, weil diese Sachen nicht vorne in der Auslage bei seinem feinen Fleisch und Würsten lagen.

In den USA und England war Hundefutter allerdings schon mit einem Markennamen versehen, kam in einer ansprechenden Verpackung in Dosen, Tüten und Kartonagen mit Bildern glücklicher Hunde drauf. Das Futter, das nun Hundenahrung genannt wurde, trug Namen wie „Chappie" oder „Pal", was ins Deutsche übersetzt schlicht Kumpel und Freund bedeutet. Oder „Pedigree" – was Stammbaum heißt. Weil man hierzulande im Englischen noch nicht so fit war, wurden die Marken genauso gesprochen wie geschrieben. Der Konzern gehörte einem Forrest Mars. Ein Familienname, der auf den legendären Schokoriegeln verewigt ist.

Es gibt ja weltweit eine gewisse abergläubische Scheu, den Namen mächtiger Menschen auszusprechen, wohl aus Angst, sie auf sich aufmerksam zu machen (wenn man den Teufel nennt, kommt er gerennt). Weil man es nicht beschreien wollte, wurde der Tycoon von seinen Mitarbeitern intern als „FM" gehandelt. Das spricht sich EFFEM und unter diesem Firmennamen drückten die Außendienstmitarbeiter des Herrn Mars ihre Marken-Hundenahrung in die Regale der Lebensmittelhändler des Kontinents. Die Händler sträubten sich erst, weil sie fürchteten, dass Tierfutter in der Nachbarschaft ihrer Ware nicht sehr appetitlich sei. Es war Aufgabe der Außendienstler, diese Ekelschwelle zu überwinden. Sie taten dies, indem sie auf eine spektakuläre Weise ihr Vertrauen in die Qualität dcs Produkts unter Beweis stellten. Bei diesen Methoden war Widerstand zwecklos. Meldete ein Ladenbesitzer Zweifel an, ob etwa Chappie in sein Sortiment feiner Lebensmittel passe, öffnete der Vertreter die Dose, zückte einen Löffel aus der Jackentasche und aß ohne viel Federlesen einige Löffel voll direkt vor seinen Augen. Bevor er ihn wieder in die Tasche steckte, schleckte er den Löffel noch genüsslich sauber.

„Das hat gezogen", schildert einer der Pioniere die legendär erfolgreiche Verkaufsmethode, die dafür sorgte, dass Tiernahrung sich bald in den Regalen aller Händler und Supermärkte fand. Das einstige „Futter" hatte damit einen Sprung gemacht, war von nun an „Tiernahrung". Anders als die undefinierte Ware vom Metzger sollten Chappie und Co. ausgewogen und von Tierärzten speziell für Hunde entwickelt sein. Die erstaunliche Geschichte, dass sogar Menschen davon löffelweise essen können, machte die Runde und trug zum Erfolg bei.

Zudem hatten die Konserven den Vorteil, dass man Vorräte anlegen konnte. In Zeiten der Kuba-Krise, als alle Welt sich vor einem neuen Weltkrieg fürchtete, hatten sich ja auch die Menschen damit eingedeckt. Warum nicht auch den Hund, der schließlich zur Familie gehörte.

Im Mai 1965 wurde unsere übliche Hunderunde durch ein gesellschaftliches Großereignis getaktet. Ich konnte damals die Aufregung gar nicht verstehen, aber das Rheinufer war voller Menschen. Mein Vater hatte – wie viele andere auch an diesem Tag – sein Fernglas mitgenommen. Alle warteten auf den Moment, an dem die MS Loreley von Koblenz her kommend bei Flusskilometer 585 Lahnstein passieren würde. An Bord die junge englische Queen Elizabeth II. auf ihrer Reise durch das Rheintal mit seinen Burgen und Schlössern. Alle winkten begeistert. Zu erkennen war sie unter all den Menschen oben auf dem Deck von uns aus – ehrlich gesagt – nicht unbedingt; wir vermuteten

und behaupteten aber, dass wir sie mit ihrem weißen Hut doch wenigstens gesehen hatten. Vielleicht hat sie uns sogar zugewinkt oder gezwinkert. Immerhin waren wir in Begleitung eines Airedale Terriers von bester englischer Abstammung.
Auf unserer Höhe allerdings dürfte die Queen zur gegenüberliegenden Rheinseite geschaut haben, wo im Wald am Hang des Hunsrück das Schloss Stolzenfels thront. Hier hatte ihre Ururgroßmutter Queen Victoria mal genächtigt. Wie Elizabeth war auch Victoria eine Hundefreundin. Dackel hatten es ihr besonders angetan. Einige ihrer Teckel stammten aus deutscher Zucht und dürften verwandt sein mit Erdmann, dem Liebling ihres Enkels, dem deutschen Kaiser Wilhelm II. Schon vor Victorias Zeiten war der Mittelrhein mit seinen Burgen ein beliebtes Ausflugsziel für Engländer. Aber mit ihr und den verwandtschaftlichen Beziehungen der Herrscherhäuser boomte der Rheintourismus. Britische Besucher hatten die Rheinromantik im 19. Jahrhundert überhaupt erst entwickelt und dafür gesorgt, dass man sich auch in Deutschland für die alten Burgruinen interessierte. Bis britische Touristen sie als Ziel entdeckt hatten, wurden sie nämlich von den Anliegern über Jahrhunderte als Steinbrüche für ihre Bauten genutzt und im wahrsten Sinn des Wortes immer weiter ruiniert.

Ein Jahr nach der Queen sorgte ein anderer Besucher auf seinem Weg rheinaufwärts für Menschenscharen am Ufer, für weltweite Schlagzeilen und für nichts weniger als eine grüne Revolution. Im Mai 1966 tauchte ein vier Meter langer Weißwal bei Duisburg auf und schnappte nach Luft. Als der Schiffskapitän, der ihn als erster gesichtet hatte, die Wasserschutzpolizei anfunkte, musste er den Beamten erst mal versichern, dass er nicht betrunken war und auch keine Witze machte.
Moby Dick, wie der verirrte Belugawal bald getauft wurde, kam bis vors Bundeshaus und sprengte eine internationale Pressekonferenz, weil Politiker und Journalisten hinausstürmten, um ihn zu sehen. In den Nachrichten wurde täglich über den weißen

Wal berichtet. Der Duisburger Zoodirektor Dr. Wolfgang Gewalt wollte Moby Dick einfangen, um ihn aus dem von Chemie und Unrat vergifteten Gewässer zu retten und ihn in sein Delfinarium im Zoo zu überführen. Mit Narkosepistolen und Tennisnetzen stellte er Moby Dick nach – doch der entkam allen Fangversuchen. Tierschützer protestierten mit dem Slogan „Stoppt Dr. Gewalt“ gegen die Jagd. Aber konnte man das arme verirrte Tier seinem Schicksal überlassen?
Das Bild von Moby Dick in der Giftbrühe bewegte die Menschen und machte allen deutlich, was das Wirtschaftswunder aus Vater Rhein gemacht hatte – die Kloake der Nation. Viele sagen, dass es der weiße Wal, gezeichnet von frisch im Fluss erworbenen Hautgeschwüren, war, der für die große Wende sorgte.

Wettlauf mit Antje unterhalb der Loreley. Im Winter 1960 trieben noch Eisschollen auf dem Rhein; nach 1963 kam das nicht mehr vor.

Kläranlagen entstanden, Waschmittel wurden umweltverträglicher komponiert, die chemische Industrie durfte ihre Säuren und Gifte nicht mehr im Fluss entsorgen. 1988 war die Wasserqualität wieder so unbedenklich, dass Umweltminister Klaus Töpfer mit beherztem Kopfsprung hineinsprang und den Fluss überquerte. Heute passieren sogar wieder die lange verschwundenen Lachse auf ihren Laichzügen die Loreley. Und im Sommer herrscht überall am Ufer und an den Altarmen des Rheins Badebetrieb.

Dackel Hugo sucht uns aus

„Die treffendste Vorstellung von der Machtlosigkeit des Menschen haben sicherlich Gott und der Dackel."
George Mikes

„Dackel, gehst her oder ned?" – „Kommst du oder nicht?" bedeutet dieser O-Ton aus dem Süden Deutschlands. Dieses eigentümliche Kommando eines bayerischen Dackelherrchens ist, wenn auch vermutlich nur eine Anekdote, jedenfalls doch sehr treffend. Am Schluss steht ein Fragezeichen, kein Ausrufezeichen, wie sich das für ein Kommando doch eigentlich gehört. Dem Dackel steht also die Entscheidung frei, Herrchen sieht das fatalistisch – ganz im Sinne des liberalen bayerischen Mottos: „Leben und leben lassen." „Die treffendste Vorstellung von der Machtlosigkeit des Menschen haben sicherlich Gott und der Dackel", sagte der englische Autor George Mikes. Wer einen Hund will, der sich benimmt und tut, was man ihm sagt, ist mit einem Pudel sicher besser bedient. Unter den Rassehunden bei Deutschlands Hundeliebhabern waren Pudel noch die Nummer 1, als zackiger Diensthund stand der Schäferhund nach wie vor in Diensten der Ordnungshüter und der Sicherheit. Doch in der Nachkriegsgeneration regte sich Protest gegen die alten Autoritäten. Pudel galten als absolut spießig, nur was für ältere Damen mit lilablau gefärbten Haaren. Das Image des Deutschen Schäferhunds hatte seit Blondi, dem vor gerade mal zwei Jahrzehnten verstorbenen prominenten Hund des „Führers“ doch arg gelitten.

Aber wer kann sich sein Herrchen schon aussuchen? Die überraschend klare Antwort: Junge Dackel können das. Schwester Elke und Schwager Henry hatten bei einem Ausflug, der sie durch Gergweis in Niederbayern führte, keinen festen Plan. Zu dieser Zeit war Gergweis sozusagen das bayerische Mekka der Dackelfreunde. In jedem zweiten Haus soll es Dackelzuchten gegeben haben. Meine Schwester und mein Schwager konnten dem Dackelblick eines überaus süßen Welpen nicht widerstehen. Sie nahmen Hugo gleich mit. Bei seiner ersten Autofahrt wurde der Welpe auf dem Schoß allerdings seekrank, übergab sich bis das Bäuchlein leer war und die Augen zufielen. Den Appetit hat ihm das allerdings nicht verdorben. Nach der Ankunft im neuen Zuhause stürzte er sich gleich auf den Futternapf. Wir erklärten uns diese Eile mit seinen frühkindlichen Erfahrungen. Immerhin stand der Kleine ja bis gestern noch in Konkurrenz mit fünf Geschwistern. Für uns war der erste Tag mit Hugo der Anfang einer wunderbaren Beziehung mit einem unvergesslichen Charakterhund.

Sommer 1968 im Tessin. Schwager, Hugo und Schwester

Ein taktisches Manöver

Rauhaardackel

Ein paar Wochen nach dem Besuch der Queen waren wir an einem Sommertag wieder mit den Hunden auf unserer üblichen Runde unterhalb der Tennisplätze unterwegs. Vom Rhein klang das Stampfen der schweren Dieselmotoren der weißen Ausflugsdampfer, dazwischen mischte sich das rhythmische Rattern der Züge, die auf der anderen Seite die Rheinstrecke befuhren. Die leichte Brise aus dem Tal sorgte auf der Promenade im Schatten der Walnussbäume für angenehme Temperaturen. Auch Dackel Hugo, der sonst nicht besonders scharf darauf war, um diese Jahreszeit über heißen Asphalt zu spazieren, trottete klaglos neben uns her. Alles schien friedlich und in Ordnung.

Aber was war bloß plötzlich in ihn gefahren? Hugo löste sich aus dem trauten Kreis der Familie und flitzte böse kläffend los. So schnell die Beinchen trugen pfeilgerade auf den Boxer zu, der ganz weit voraus, ganz gesittet an der Leine spazierte. Hatte unser Kleiner denn völlig den Verstand verloren? Wir waren in Sorge – doch Hugo ließ sich von Rufen nicht stoppen. Erst als er seinem Gegner so nahe war, dass er nach oben aufschauen musste, um die sabbernde Schnauze des großen Fremden zu sehen, erkannte er wohl selbst, dass er gerade dabei war, einen schlimmen Fehler zu begehen. Mit einem Hund dieser Gewichtsklasse sollte er sich wirklich besser nicht anlegen.

Was tun? Hugo löste das Problem auf überraschend clevere Weise – da muss man erst mal draufkommen. Ein geschickter Kunstgriff ließ ihn unbeschadet und ohne Verlust der Dackelehre das Feld verlassen. Kurz vor dem scheinbar unvermeidlichen Crash drehte er ein wenig ab. Dieser winzige Schlenker ließ in unverdächtig weiterlaufen und -bellen, vorbei am Hassobjekt ins Leere. Ganz so, als wäre irgendwo im Nirgendwo dahinter das Ziel seiner Attacke. Der Boxer schaute dem wütenden Giftzwerg nach, konnte aber auch nicht entdecken, wer oder was den Kleinen so empörte. Natürlich nichts – denn da war ja nichts. Und er selbst war ja wohl nicht gemeint. Ganz großes Kino, eine geniale Finte. Wir bewunderten Hugo für sein Improvisationstalent und lobten ihn für seine Schauspielkunst.

Der Napoleon-Komplex

Wenn ein Dackel in den Spiegel schaut, dann sieht er einen Dobermann.

Versuch einer Erklärung

Dass Hunde und Dinge in der Entfernung kleiner erscheinen als sie es in Wirklichkeit sind, geht dem Dackel wohl einfach nicht in den Kopf. So wenig wie die unbezweifelbare Tatsache, dass er auf allen vier Beinen stehend gerade mal 25 Zentimeter hoch ist. Psychologen könnten dem Dackel wohl einen Napoleon-Komplex unterstellen. Denn Größe und Selbsteinschätzung stehen in keinem Verhältnis zueinander. Dafür hatte Hugo, wie wir bei seiner Finte mit dem Boxer gesehen haben, die bewundernswerte Fähigkeit, Situationen und Lagen rasch einzuschätzen und strategisch zu seinem Vorteil zu nutzen.
Etwa bei Autofahrten, wo er die Hutablage als Feldherrnhügel nutzte. Die Heckscheibe war immer voller Geifer, weil er von dieser sicheren Warte aus alle Hunde und Katzen im Vorbeifahren aufs Heftigste beschimpfte. Vermutlich auch aufs Übelste beleidigte – aber wer kennt schon die Sprache der Hunde so gut, dass er ein Urteil fällen könnte. Laut war's jedenfalls und die begleitende Mimik ließ keinen Zweifel aufkommen, dass es keinesfalls Komplimente waren. Wir fanden das ganz witzig, bis Hugo an der Grenze einen Zöllner anknurrte.

Zur Warnung an alle, die mit oder ohne Hund an Bord die deutsch-schweizerische Grenze überqueren, muss ich sagen, dass eidgenössische Zöllner im Dienst nur mit einem sehr begrenzten Sinn für Humor ausgestattet sind. Sollte sich das inzwischen geändert haben, bitte ich um Entschuldigung. Wir mussten aussteigen, die Ausweise – insbesondere Hugos internationaler Impfpass – wurden kontrolliert, alles Gepäck wurde intensiv gefilzt und schließlich mussten wir sogar die Radkappen abnehmen, um den Beamten Einblick in die Felgen des dunkelroten Alfa Romeo Giulia Super zu gewähren. Uniformen hasste Hugo besonders – was immer wieder problematisch war – aber irgendwie in seine 68er Sturm- und Drangzeit passte.
Während er unterwegs gern den Giftzwerg gab, war er in der Familie und mit seinen Hundefreunden ein super Partner. Als ich ihn einmal aus dem Wohnzimmer heraus erbärmlich jammern und wimmern hörte, kam ich gerade dazu, wie mein zweijähriger Neffe Marcus ihn lachend mit beiden Händen an den Barthaaren zog. Das muss gemein wehgetan haben – aber Hugo ließ es über sich ergehen, ohne sich zu wehren und versuchte nur den Kopf wegzudrehen. Mein Neffe genoss absoluten Welpenschutz.

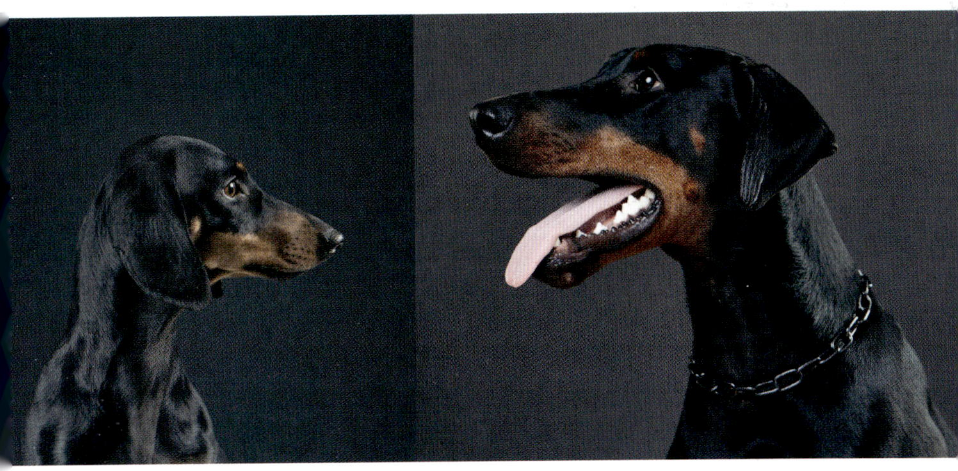

Wenn ein Dackel in den Spiegel schaut, dann sieht er einen Dobermann.

Langsam ist es wohl an der Zeit, mit einem Vorurteil aufzuräumen: Auch wenn der Name zur Annahme verleitet, dass es sich bei Hugo um einen Rüden handelte – Hugo war eine Hündin. Zeitlebens und von Geburt an. Benannt nach einer sympathischen, trotz aller Rückschläge immer optimistischen Hauptfigur aus einem Roman meines Schwagers Henry Jaeger. Im stolzen Alter von fast 18 Jahren ist „Hugoline" – so ihr besser passender Spitzname – schon vor langer Zeit, doch unvergessen – von uns gegangen.

Perfektion ist langweilig

Ist es nicht so, dass wir bei Menschen Schwächen, Macken und kleine Fehler in Erinnerung behalten und sie besonders sympathisch finden? Perfektion ist anstrengend und meist auch ein bisschen langweilig. Die Gefahr der Langeweile bestand bei Hugo, der Dackeldame, jedenfalls nie. Maßlos in ihrer Verfressenheit schlabberte sie sogar mal das lauwarme Öl aus einer Fritteuse. Übergeben war als Folge solcher Fressorgien ganz normal.
Als sie im Garten eine Erdkröte verschluckt hatte, waren wir sogar froh darüber, dass sie die nicht bei sich behielt. So wussten wir auch, woher der so plötzlich einsetzende Juckreiz kam und konnten dem Tierarzt die Ursache des Leidens erklären. Was er kopfschüttelnd und mit den Worten „Man lernt nie aus" zur Kenntnis nahm. Eine Spritze unter die zusammengeraffte Dackelhaut wurde von Hugo während der gesamten Behandlung mit lautem Jaulen begleitet. Glaubt man's, dass die ganze Prozedur wiederholt werden musste, nachdem Hugo ihre zweite Kröte verschluckt hatte?
Dackel gelten ja als dickköpfig, eigensinnig, schwer bis gar nicht erziehbar. Positiv ausgedrückt soll das Wesen eigenverantwortlich handeln und selbst entscheiden. Was einleuchtet, weil diese kurzbeinigen Hunde aus einer Ahnenreihe von Terrier und Bracke als Jagdhelfer gezüchtet wurden. Im Bau von Fuchs oder

Dachs, ihrem angestammten Jagdrevier, mussten sie schließlich auch immer selbst entscheiden, wie sie dem wehrhaften Wild in seiner vertrauten heimischen Höhle am besten beikommen konnten.

Antje liebte Schnee und jagte dem Autor bei den Abfahrten auf der Rhein-Lahnhöhe hinterher. Aufnahme um 1960

Für ein Leben in Wald und Flur war unser Hugo allerdings nicht geschaffen, wie das Schicksal der Erdkröten zeigte. Wegen ihrer giftigen Hautdrüsen werden sie von allen Tieren instinktiv in Ruhe gelassen. Nur unser Liebling hatte wohl verschiedene Instinkte verloren oder gegen einen übersteigerten Appetit eingetauscht.
Einmal zog ich ihn bei einem Spaziergang im Allgäu von einer Kreuzotter weg, die er angiftete. Die Schlange, deren Gift für einen so kleinen Hund durchaus tödlich sein kann, hatte sich schon eingerollt und ihren erhobenen Kopf zur Verteidigung drohend wie eine Bonsai-Kobra auf ihn ausgerichtet. Ein andermal ging er auf einen Igel los. Was bekanntlich keine gute Idee ist. Der Stachelritter reagierte wenig überraschend auf die Attacke und igelte sich ein, was sich seit Jahrmillionen bei seiner Gattung bewährt hatte. Bei jedem neuen Versuch, in die Stacheln zu beißen, jaulte Hugo auf und wurde dadurch allerdings noch wütender. Man kann sich vorstellen, dass diese furchtlose und schmerzfreie Entschlossenheit für Dachs und Fuchs fatal war, als Dackel noch zur Erdjagd eingesetzt wurden.

Unsere Familie lebte etwas verstreut. Schwester, Schwager, Neffe und Hugo überwiegend in der Schweiz, ich als Nachzügler mit

Zwei Richter mit Gattinnen, Hunden und Sohn, 1965

den Eltern in Lahnstein am Rhein. Kam die Schweizer Familie zu Besuch, freute Hugo sich im Auto schon kilometerweit vor der Ankunft und war ganz aufgeregt. Angekommen aber hielt sie sich nicht groß mit persönlichen Begrüßungen auf, sondern zeigte ganz klare Kante.

Hugo stürmte an allen vorbei, um als erstes in der Küche nachzuschauen. Neben dem Herd stand der Fressnapf, da gab es kein

Vertun. Antje war nicht so verfressen wie Hugo und in ihrem Napf waren immer noch ein paar Reserven. Die wurden aber just in dem Moment für unseren Airedale wieder interessant, als der Dackel sich darüber hermachte. Das führte bei der Begrüßung leicht zu Misstönen zwischen den beiden.
Es ist wohl eine Frage der Weltanschauung, ob man Dackel überhaupt erziehen kann oder nicht. Ein Nachbar von uns, pensionierter Unteroffizier der Bundeswehr, hatte einen vorzüglich gehorchenden Dackel namens Hexe. Hexe machte „Sitz", „Platz", ging „Bei Fuß", ließ bei „Aus" alles fallen, was sie zwischen den Zähnen hielt und sie kam, wenn sie gerufen wurde. Hexes zackiges Herrchen war nicht wenig stolz darauf.
Die jüngere Generation der Hundehalter allerdings setzte mehr auf Spaß und Lustgewinn. Die antiautoritären Methoden der Kindererziehung, die Anfang der 60er Jahre mit dem Buch von A.S. Neil über die Schule „Summerhill" – in der Schüler ganz ohne Zwang ihren Weg machten – Einzug hielten, hatten auch in der Hundewelt ihren Niederschlag gefunden. Parieren und Kommandos zu gehorchen wie damals, als der Rohrstock in Schulen in Gebrauch war, passte nicht mehr in die Zeit von Woodstock. Und schon gar nicht zu Schmidts. So werden wir nie erfahren, ob Hugos unvergessliche Persönlichkeit sich auch in einem anderen Milieu entfaltet hätte.

Auf Großwildjagd

„Dackel", so weiß Hundefriseurin Beate Simon aus Erfahrung, „sind nicht mehr so eigen, wie sie mal waren, eigentlich sind sie heute ganz normale Hunde." Sie vermutet, dass die Wildheit, der Eigensinn und die ungebremste Jagdlust nicht so recht ins Leben eines modernen Stadtdackels passen und dass diese Merkmale auf seinem Weg vom Fuchsbau zum Fußwärmer im gemachten Bett systematisch rausgezüchtet wurden. Wobei sich draußen auf dem Land durchaus noch findet, was der Jäger so trefflich

„gut eingejagte und fährtensichere Teckel" nennt. Wie man aus Kreisen der Grünröcke hört, wird der einstige Einzelkämpfer, der den Mumm hatte, wehrhafte Füchse und Dachse in ihrem unterirdischen Bau zu überfallen, von der cleveren Waidmannschaft inzwischen mit neuen Aufgaben betraut.
Ob der Einsatz von Dackeln bei der Treibjagd allerdings so ganz waidgerecht und fair ist, sollen andere beurteilen. Aber die modernen Jäger stehen ja nicht zum Spaß beim ersten „Büchsenlicht" (Jägersprech für Sonnenaufgang) auf und stapfen im Frühtau durchs Revier. Sie wollen Erfolge sehen und so bauen sie erfolgsorientiert und total pragmatisch auf Irreführung ihres Wilds. Das neigt nämlich dazu, seine Gegner nach Gewichtsklassen zu sortieren und entsprechend zu reagieren. Ein Wiesel ist dem Reh so wurscht, wie eine Maus oder ein Dachs. Doch kommt ein Wolf daher, ein Luchs oder gar ein Bär, dann nichts wie weg. Dackel fallen aus Sicht des Rehs in die für harmlos erachtete Kategorie „Was will der denn?"
Das „Schalenwild", Huftiere also, die grundsätzlich auf dem Boden und nicht darunter unterwegs sind, hat nicht den leisesten Dunst von der Entschlossenheit des Untertage-Arbeiters. Es wiegt sich in Sicherheit, nimmt den Lütten nicht für voll. Was sollte so ein mickriger, kurzbeiniger Verfolger, der kaum über die Grasnarbe schauen kann, ihnen schon anhaben? Ganz anders als gestandene Jagdhunde von Format, bei deren Anblick die scheuen Rehe die Flucht ergreifen, bleiben sie einfach nur verwundert stehen, wenn ihnen ein so winziger Dackel auf den Fersen ist. Ja, manche wollen ihn sogar verscheuchen und gehen auf die lästige Töle los. Was angesichts der für das Wild äußerst brenzligen Situation einer Treibjagd ein wirklich fataler Fehler ist.

Hier bewahrheitet sich die alte Fußballerweisheit: Unterschätze nie deinen Gegner! Hat nicht auch der legendäre Pierre Littbarski allein in seiner Zeit beim 1. FC Köln mit 168 Zentimetern Körpergröße und legendär krummen Dackelbeinen 89 Tore in der Bundesliga erzielt.

Nicht nur mental und charakterlich, sondern auch körperlich hat sich in der Dackelwelt einiges getan. Die immer noch gern als „Gehwarzen" verspotteten krummen Beinchen der Rasse sind durch die Kunst der Züchter heute nicht nur länger, sondern fast schon gerade. Wenn Dackel heute mit anderen Hunden auf der Wiese spielen, können sie da gelegentlich schon mitlaufen und müssen nicht nur kläffend dastehen, wenn andere über sie hinweg springen. Aber das Beste an der neuen sportlichen Figur: Die Dackellähme, das gefürchtete Problem der Rasse mit der langen Wirbelsäule, befällt sie nicht mehr so häufig.

Von wegen „Gehwarzen"! Der Dackel von heute kann ganz schön flitzen.

Rund um den Hund:
Ein Dackelblick sagt mehr als 1.000 Worte

Wo lernen die das nur? Gehen Sie mal in die Apotheke und schildern ihr Gebrechen – sei es Grippe, Heuschnupfen oder sonst was. Der Apotheker oder die Apothekerin wird sie mit einem bedauernden, mitfühlenden Blick anschauen. Ein vielsagender Blick bei geneigtem Kopf, der nicht nur zeigt: „Ich verstehe jedes Wort", sondern auch ausdrückt: „Ich bin auf deiner Seite." Ein Arzt- oder Apotheker-Gesicht, das kein Mitgefühl zeigt und etwa sagt: „Na und? Ist doch nicht mein Problem", wäre sicher ganz schlecht fürs Geschäft.

Da hat sich Dackel Rocco in die Klemme gebuddelt ...

Ähnlich professionell wie unsere Freunde aus dem Gesundheitswesen schauen uns Hunde an. Mit dem legendären Dackelblick zeigen sie Verständnis und Mitgefühl. Aber mit diesem Blick können sie uns auch auf ihre Lage aufmerksam machen und Hilfe fordern.

Tief im Innersten der Dackelseele steckt der Wunsch, jede Höhle zu erforschen. Immer wieder verrennt der Dackel sich dabei so tief in Kaninchenbauten und andere Erdlöcher, dass er mit eigener Kraft nicht mehr herausfindet. Ein Fall für die Feuerwehr oder andere Helfer, die den Hobby-Erdarbeiter mit Spaten, kleinen Baggern und anderem Gerät befreien müssen. Nur selten hat der Teckel da die Chance, mit sprechenden Augen Hilfe zu fordern, wie Rocco aus Kentucky, den es auf der Fährte von Mäusen von unten her in einen hohlen Baum verschlagen hatte. Sein Dackelblick aus dem Baumloch heraus ließ Frauchen den Notruf wählen. Kurz darauf hatte die Feuerwehr mit der Motorsäge auch schon einen Notausgang für Rocco geöffnet.

... die Feuerwehr muss ihn aus dem hohlen Baum befreien.

Der Dackelblick hilft aber nicht nur in akuten Notsituationen, er hat sich auch im Hunde-Alltag bestens bewährt. Das Dilemma dabei lässt sich jedoch nicht übersehen. Bei all dem Wohlstand und Überfluss, der sie umgibt und den sie auch genießen dürfen, haben Hunde es nämlich nicht leicht. Denn die in unserer Zivilisation gelandeten Nachfahren der Wölfe haben ein Riesenproblem: Jagen und Beute machen, wie ihre Altvorderen, dürfen sie nicht mehr. Aber ihr Essen kaufen können sie nicht, weil sie kein Geld haben. Auch wenn wir ihnen immer wieder sagen: „Ein feiner Hund bettelt nicht", so bleibt ihnen doch nichts anderes übrig, als unsereinen zum Teilen der Nahrung zu bewegen. Wolfswelpen tun dies seit Anbeginn der Zeit, indem sie ihre Schnauze in die Lefzen der Eltern stupsen. Die verstehen das und würgen vorverdautes Futter aus, das die Kleinen dann fressen dürfen.
Seien wir froh, dass Hunde, seit sie sich von ihren Wolfsahnen getrennt und auf die Seite des Menschen geschlagen haben, einen eleganteren Weg gefunden haben, ihren Magen mit

unserer Hilfe zu füllen. Sie sehen uns an mit einer von ihrer Spezies entwickelten Hypnosetechnik, die Menschen erweicht und manipuliert – dem Dackelblick. Dieser Blick öffnet Herzen, Kühlschränke, Taschen und Tüten mit Leckerlis und allerlei, was der Hundegesundheit nicht sonderlich zuträglich sein soll, aber trotzdem gern verzehrt wird. Der gekonnte Dackelblick hat schon manchen Bello mit reichlich Hüftgold belohnt.

„Mei wie lieb, schau wie der schaut!"

Dackelblick

Aber meint er es immer ehrlich? Treu schauen sie uns an, als könnten sie kein Wässerlein trüben – und fast scheint es, als möchten uns die Hunde gar die Wünsche von den Augen ablesen. Doch wie es hinter dem sprichwörtlich treuen Dackelblick aussieht, sollte man besser nicht hinterfragen. Josep Call und seine Kollegen vom Max-Planck-Institut für evolutionäre Anthropologie in Leipzig taten es doch – und schauten in Abgründe. Denn kaum dreht man seinem treuen Vierbeiner den Rücken zu, tut der einfach, was er will, und schert sich nicht um Verbote und Vorschriften.

Fast wie in der biblischen Geschichte, wo Adam und Eva alles gestattet war, bis auf die Nascherei von einer bestimmten Frucht, spielten die Verhaltensforscher bei den Hunden Lieber Gott. Sie verboten sechs als ausgezeichnet brav und folgsam bekannten Vierbeinern verschiedener Rassen und Herkunft, von einer bestimmten Leckerei zu naschen. Gemeinerweise hatten sie diese aber verführerisch am Boden eines Zimmers drapiert. Brav befolgten die Probanden das Verbot und ließen das begehrte Leckerli liegen – jedenfalls solange der Blick eines Herrchens oder Frauchens auf ihm lag. Verließ die Aufsichtsperson jedoch den Raum auch nur für kurze Zeit – schwupp, war das Leckerli rätselhafterweise verschwunden.

Und die Hunde, die es in dieser Versuchsanordnung ja nur gewesen sein konnten, setzten bei Herrchens Rückkehr ein Pokerface auf. Nach diesem Durchgang, der deutlich das durchaus opportunistische Verhältnis von Hunden zu Verboten und Vorschriften sichtbar macht, folgte nicht die Vertreibung aus dem Paradies, wie im biblischen Vorbild. Denn schließlich ist Josep Call kein Richter, der über Moral und Treue befindet und belohnt oder bestraft. Wissenschaftlich wertfrei sezierte er den Vorgang und stellte seine Kandidaten nochmals auf die Probe.

Diesmal ließ Call die Versuchspersonen mitsamt ihren Hunden im Raum. Allerdings sollten sich die Herrchen zwischendrin von Bello abwenden und sich mit einem Computer beschäftigen. Die übrige Versuchsanordnung war dieselbe: 1. Hund, 2. Leckerli, 3. Verbot. Bei den Tests, an denen sechs Hunde teilnahmen, wurden prompt doppelt so viele Leckerli gemopst, wenn ihre Aufsicht gerade mit anderen Dingen beschäftigt war und nicht hinsah.

„Die Hunde beobachten genau die Augen von uns Menschen und nutzen den Moment, an dem wir gerade mit etwas anderem beschäftigt sind“, erläutert Call.

Dem Verhaltensforscher fielen aber beim Mundraub noch weitere, äußerst gewiefte Strategien auf, mit denen Hunde ihre Herrchen offenbar im Hinblick auf das Leckerli in Sicherheit wiegen wollen. „In 75 Prozent der Fälle gingen die vierbeinigen Diebe nicht direkt auf das Objekt ihrer Begierde zu, sondern passierten es über einen Umweg durch den Raum“, was sicher eine gewisse Belanglosigkeit und Desinteresse an den Tag legen sollte. Denn wie Call beobachtete, verzichteten die Täter auf diesen Umweg, wenn Herrchen sich am Computer intensiv mit einem Computerspiel beschäftigte und genügend abgelenkt schien.

Rund um den Hund:
Hund sans scho! – Hunde sind sie schon!

Das urbayerische Prädikat für gerissene Menschen zeigt, dass man im Süden der Republik die Cleverness der Vierbeiner respektiert. Wer sie unterschätzt, braucht für den Spott nicht zu sorgen. So wie der Münchner Zoodirektor, ein leibhaftiger Professor, der das Gehege seiner Afrikanischen Wildhunde aufwerten wollte.

Zur Ertüchtigung der Tiere und zur Gaudi der Besucher sollten sie ihr Futter erjagen. Ein sogenannter Beutesimulator wurde installiert. Die Idee: Die Wildhunde würden sich ihr Futter durch eine kleine Hetzjagd verdienen. Schließlich gibt's in der Savanne das Zebra ja auch nicht so einfach serviert. Zur Fütterung wurde also ein Stück Fleisch an ein Drahtseil gehängt. Dann startete eine elektrische Winde und das Fleisch flitzte im Zebratempo einmal rund um das Gehege. Was für ein tolles Erlebnis würde es sein, so ein Rudel Wildhunde mehrmals täglich bei ihrer stürmischen Jagd beobachten zu können.

Doch die pfiffigen Tiere waren nicht so naiv, wie das Menschenhirn, das den Beutesimulator für sie ersonnen hatte. Sie brauchten nur einmal hinzuschauen und hatten schon begriffen, wie der Hase, beziehungsweise das Zebra läuft. Also warteten sie einfach am Startpunkt des Karussells darauf, dass ihnen das Futter nach der Runde ins Maul flog. Der geniale Beutesimulator wurde daraufhin rasch eingemottet und der Mantel des Schweigens über die peinliche Angelegenheit gebreitet.

Schafft Ihrer das Abi?

Im Nachhinein erwies sich auch ein standardisierter Intelligenztest, den Wissenschaftler entwickelt hatten, um die mentalen Fähigkeiten von Hunden zu prüfen, als ziemlich naiv. Solche Intelligenzprüfungen haben ihre Tücken – besonders, wenn das Hirn auf dem Prüfstand besser arbeitet als das der Prüfer. Was sich überdeutlich an der Testreihe eines amerikanischen Verhaltensforschers zeigt. Weil der Hund bekanntlich vom Wolf abstammt, wollte er wissen, ob im Laufe der langen Abhängigkeit vom Menschen das Haustier Hund seine wilde wölfische Cleverness verloren hat. In den behüteten Zeiten an der Seite des Menschen war die doch nicht mehr überlebenswichtig.
Sein Test – den Sie übrigens leicht zu Hause ausprobieren können, sofern Sie einen Hund oder einen Wolf halten, und über einen Bindfaden und ein Stück Wurst verfügen – sah etwa so aus: Eine Wurst wird an einen etwa einen Meter langen Bindfaden geknotet. Der Faden liegt Richtung Versuchstier. Der Prüfling wiederum ist angeleint. Und zwar gemeinerweise so, dass er nicht bis an die Wurst – wohl aber an den Faden reicht. Findige Wölfe haben damit überhaupt kein Problem. Sie packen den Faden mit dem Maul oder scharren ihn mit der Pfote in Reichweite. Dann angeln sie sich die Wurst und verschlingen sie mit einem Happs, wie einst das kleinste der sieben Geißlein.
Ebenso fit zeigten sich sogenannte Primitivhunde, die Dingos, die in Neuguinea und Australien seit Jahrtausenden frei und ungebunden leben und teilweise heute noch nicht wissen, dass Futter ohne eigenes Zutun aus Dosen heraus mundgerecht zerkleinert in einen Napf hineinkommen kann, bevor man es verschlingt. Auch die herrenlosen Straßenhunde der „Dritten Welt" konnten sich fast durchweg helfen und sich die Wurst mittels Faden schnappen.
Nur die feinen Rassehunde aus gutem Hause mit Impfausweis und Stammbaum schnitten miserabel ab. Kaum einem gelang es, die kleine Denksportaufgabe zu lösen. Scheinbar ratlos starr-

ten sie abwechselnd auf die Wurst und den Tester, während ihr Speichel schon auf den Faden troff, der doch direkt unter ihrer Schnauze lag. Manche bellten empört. So regnete es miese Noten für die Kandidaten. Hatte der Prüfling nämlich nicht innerhalb von 60 Sekunden das Problem gelöst, war er aus Sicht der Tester durchgefallen.

Natürlich gab's die Wurst dann auch als Trost für die durchgefallenen Kandidaten. Genau das aber, sagen Verhaltensforscher, hatten die klugen Bellos ins Kalkül gezogen. Gerade so, wie die Wildhunde im Zoo, die wussten, dass sie den Happen ganz ohne Mühe, einfach durch Abwarten bekommen würden. Ihr schlechtes Zeugnis für die Rassehunde fiel also den Intelligenztestern selbst auf die Füße. Die verwöhnten Haushunde mit ihrer über Generationen bewährten profunden Menschenkenntnis hatten einen Schritt weiter gedacht als Streuner, Dingos und Wölfe. Sie hatten darauf gebaut, dass der Mensch sie bedienen wird. Recht hatten sie und eigentlich sind sie damit die bravourösen Testsieger.

Der moderne Hund lässt sich bedienen.

Rund um den Hund:
Hunde, die Vokabeln lernen

„Wie es aussieht", schreibt Dr. Attila Andics, „sind wir Menschen nicht die einzigen, die Vokabeln lernen können." Zusammen mit einem Forscherteam der Universität Budapest hat der Neurologe untersucht, wie unsere Worte im Gehirn der Hunde verarbeitet werden. Die Forscher sprachen mit den Tieren, während diese brav in der Röhre eines MRT-Scanners lagen. Mit einem solchen Gerät werden normalerweise Hirnaktivitäten von menschlichen Patienten aufgezeichnet. Dank braver Hunde, die auf Kommando ruhig lagen, konnten Forscher hier den Tieren erstmals „in" den Kopf schauen. Es zeigte sich, dass Worte, wie „Super" oder „Good Boy" „Leckerli" und „Nein" sowie andere Vokabeln, die Hunde im Laufe ihres Lebens erlernen, jeweils die Durchblutung und Nerventätigkeit in Zentren der linken Gehirnhälfte anregen. Jedes Wort zeigt dort seinen eigenen Effekt. Hier zählt nur die Bedeutung. Und die ist sozusagen unbestechlich, bleibt gleich, egal ob der Tonfall lobend, tadelnd, begeistert oder schlicht neutral klingt. Emotionen in der Tonlage unserer Stimme erreichen den Hund auch. Doch sie nehmen einen anderen Weg. Anders als die Inhalte sorgen sie auf der gegenüberliegenden rechten Hirnhälfte für Bewegung im Hundegemüt.

Von Wasserratten und begossenen Pudeln

Hunde sind Gewohnheitstiere. Zum sonntäglichen Spaziergang gehörte für unsere Antje grundsätzlich ein Abstecher in den Rhein. In Höhe der Lahnmündung gab es eine gepflasterte Rampe, über die Pioniere der Bundeswehr bei ihren Übungen allerlei schwimmendes Gerät zu Wasser ließen.
Hier versammelten sich auch die Menschen, als in den 60er Jahren exotische Schwimmautos der Marke Amphicar ins Wasser fuhren und Kurs lahnaufwärts nahmen. Diese Autos waren in den Tagen des VW Käfers nicht gerade schön, dafür aber spektakulär. Kein schicker Designer hatte bei der Konstruktion Hand angelegt und auch vom Windkanal, der später Karosserien Stromlinienform verpasste, hatte man zu der Zeit noch nichts gehört. Immerhin hatte man dem in erster Linie wasserdichten Gefährt ein Paar schnittige Heckflossen verpasst, wie es bei den Ami-Schlitten jener Tage in Mode war. Man muss sagen, dass es diesem Zwitterwesen in beiden seiner Welten an Perfektion und Eleganz fehlte. Statt mit Sicherheitsgurten, die es damals noch nicht gab, sollte man allenfalls Schwimmwesten mitführen. Denn für raue Gewässer war Amphicar nicht geschaffen. So ging es nach dem Stapellauf vorsichtshalber gleich nach Backbord. Hier in der Lahn war das Wasser ruhiger als auf dem vielbefahrenen Rhein, wo die die Wellen der Köln-Düsseldorf-Dampfer und der Schleppkähne das Cabrio in Seenot gebracht hätten.
Gänzlich unbeeindruckt vom Wellengang und sogar dem gelegentlichen Eistreiben ging Antje diese Rampe runter, bis sie mit dem Bauch im Wasser stand, dann schlabberte sie ein bisschen und kam freudig zu uns zurückgelaufen, wo sie sich natürlich kräftig schüttelte. Man wusste es, sah es kommen, konnte aber nichts dagegen tun. Wich man aus, hielt sie es für eine Aufforderung zum Spiel, strich um die Beine und hüpfte um einen herum wie ein Schaukelpferd, des der Hafer sticht. Ich muss dazu sagen, dass man sich zu jener Zeit an Sonntagen besser anzog, als an den Werktagen. Saubere Schuhe, Hosen mit Bügelfalten,

gestärkte Hemden litten unter der legendären Freundlichkeit eines nassen Hundes.
Wie kommt es aber, dass bei aller Liebe zu natürlichen Gewässern – unabhängig von ihrem ökologischen Zustand oder der Temperatur – selbst die größten Wasserratten sich ungern baden lassen? Angesichts eines geplanten Hundebads entwickeln sie die Allüren einer wasserscheuen Katze.

Wie alle Hunde konnte unsere aufgeweckte Antje völlig abschalten, wenn Gespräche sie nicht interessierten – aber sobald es sie auch nur im Entfernesten tangierte, wachte sie auf, spitzte die

Unterwegs mit Antje und den wenig praktischen – aber für Sonntage obligatorischen – Bügelfalten, Winter 1960/61

Ohren und hob den Kopf. Sie verstand tatsächlich jedes Wort. Besonders gut verstand sie das komplette menschliche Vokabular, das sich um ein Hundebad dreht. Es brauchte dabei weder ihr Name zu fallen, noch die Worte „Hund“ oder „Töle“, die sie auf sich hätte beziehen können. Sogar in fremden Sprachen schwante ihr, was auf sie zukam! Wenn meine Eltern nicht wollten, dass ich mitbekomme um was es ging, sprachen sie Französisch. Nachdem Antje bei jeder Erwähnung einer Hundewäsche scheinbar spurlos verschwand, probierten sie es auch bei diesem Thema. Wiewohl erfolglos.
Katzen passen ja angeblich durch jede noch so kleine Lücke, wenn nur ihr Kopf mit diversen Schnurrhaaren hineingeht. Wenn man seinen Hund in Ecken, Winkeln oder unterm Bett findet, wo er von seiner Körpergröße her eigentlich gar nicht sein dürfte, kommt man auf die Idee, dass diese Katzenregel im Fall einer anstehenden Wäsche auch für manche Hunde ihre Gültigkeit hat.
Wenn wir Antje dann schließlich irgendwo unterm Bett gefunden und auch noch mit viel Kraftaufwand in die Wanne gehievt hatten, ließ sie die unvermeidliche Prozedur sichtlich genervt über sich ergehen. Der glatte Boden einer Badewanne oder einer Dusche gibt einem Hund bestimmt keinen festen Stand und kein Gefühl der Sicherheit. Vielleicht liegt es an dieser glitschigen Situation, bei der ein rettender Sprung nicht infrage kommt, dass Antje die Prozedur klaglos, mit Blicken und der Haltung eines begossenen Pudels über sich ergehen ließ. Gutes Zureden und auch der Hinweis, dass im Hundeshampoo Essenzen gegen juckende Flöhe und anderes Zeugs steckten, halfen da so wenig wie der Umstand, dass das Wasser angenehm handwarm mit geringem Druck aus der Dusche kam. Wir achteten sehr darauf, dass kein Shampoo in die Augen kam, auch die Ohren wurden ausgespart. Zusammen mit dem massierenden Shampoonieren eigentlich ein echter Spa. Doch Antjes Miene drückte alles andere als das Gefühl von entspannter Wellness aus. Hoben wir sie aber endlich aus der Wanne, war der Glanz in ihren Augen wieder da.

Sie schüttelte sich, wurde gründlich frottiert und rannte wie im Triumph freudig durch die Wohnung, sodass die Läufer verrutschten.

Was mögen unsere Hunde am Bad eigentlich nicht, wo man sich doch so intensiv um sie kümmert? Vielleicht können sich die ausgesprochen nasenfixierten Tiere nach der Prozedur selbst nicht riechen.

Schönheit liegt im Auge des Betrachters, heißt es. Was fein duftet und was entsetzlich stinkt ist ebenso Ansichtssache, die in der Nase liegt. Wie unterschiedlich die Auffassungen darüber sein können, was anzieht und was abstößt, zeigte uns Dackel Hugo. Sie hatte eine – jedenfalls für unseren Kulturkreis sehr ausgefallene – Vorliebe für moderigen Fisch. Sie liebte es, sich mit Schultern und Rücken inbrünstig in Möwenkacke zu wälzen. Der morbide Fischgeruch darin schien für sie einfach unwiderstehlich zu sein. Das ist nicht nur so eine Vermutung! Hugos absolutes Lieblingsparfüm trug die Duftnote: Fauler Fisch. Je konzentrierter und gereifter, desto besser. Wenn man nach Hochwassern am Rhein spazieren ging, dann war sie auf Schnäppchenjagd in ihrer Parfümerie. Sie durfte nicht von der Leine gelassen werden. Denn mit dem Rückgang des Wassers schwammen nicht alle Fische wieder zurück ins Flussbett. Manche lagen gestrandet am Ufer und faulten im Gras vor sich hin. Für Hugo war es ein Genuss, sich darin zu wälzen. Allerdings ist die Kombination nasser Hund und fauler Fisch für Menschen einfach zum Davonlaufen. So verheerend, dass Hugo in diesen Fällen gar nicht erst durch die Wohnung ins Bad kam, sondern schon unten im Garten gewaschen werden musste. Eine Hundewäsche aus bitterer Notwendigkeit mit kaltem Wasser aus dem Gartenschlauch, mit viel Pfui, Naserümpfen, Distanz und spitzen Fingern ist für alle Beteiligten unerfreulich. Was Hugo nicht im Geringsten davon abhielt, sich bei nächster Gelegenheit wieder deftig einzuduften.

Sicher ist dem Erfinder der – kein Witz – Hundewaschanlage ProDogWash 50 Jahre nach unserem Fisch-Erlebnis ähnliches widerfahren. Im Frühling 2018 stellt die Firma ProDogWash eine „wartungsfreie, vollautomatische Hundewaschanlage“ vor. Das Ding ist allerdings nicht für den Endverbraucher bestimmt, sondern für den Zoofachhandel. Kunden, die dort einkaufen, können ihren Liebling nach Einwurf von 1 bis 2 Euro je nach Programm Waschen, Shampoonieren, Spülen und Trocknen. Versprechen des Herstellers: Das Bad daheim bleibt sauber und Herrchens und Frauchens Kreuz bleiben heil, weil man sein Tier nicht in die und aus der Wanne heben muss.

Dass bloß nichts in die Augen kommt! So sehr Hunde es hassen, gebadet zu werden …

…. so sehr lieben sie Wasser auf freiwilliger Basis.

Der Pudel: Vom Mega-Out zum Comeback

Wenn die Straßen Schwabings regennass sind, dann trippelt der weiße Pudel Cosmo nach der Rückkehr vom Ausflug mit Frauchen nicht direkt in die Wohnung. Schnurstracks schwebt er fast auf Zehenspitzen durch die Diele, um die zweite Tür rechts ins Bad aufzustupsen. Dort hüpft er in die Duschwanne und wartet, bis Frauchen seine Pfötchen einzeln abgeduscht und frottiert hat. Frauchen Wanda ist ein bisschen etepetete und mag die Wohnung sauber. Besucher wie auch ihre Familie müssen in der Diele ihre Straßenschuhe ablegen und in Besucherpuschen schlüpfen.

Für Cosmo sind die Rücksichtnahme und das geduldige Warten in der Dusche selbstverständlich. Vom Handling sind Pudel aller Größen eigentlich ideale Hausgenossen. Und doch ist es um den Pudel schon lange still geworden; nur noch wenige kommen heute in Beates Hundesalon. Dabei war er über Generationen ein Idol, in den 60er Jahren gar DER Modehund. Doch nach dem „In“-Sein kommt in der Mode gesetzmäßig das „Out“. Beim Pudel hieß das in den 70er und 80er Jahren sogar Mega-Out. Wer das Glück hat, so einen Pudel wie Cosmo noch persönlich zu kennen, kann das nicht verstehen. Keiner konnte allerdings damals ahnen, dass nach einen halben Jahrhundert im Dornröschenschlaf der Pudel ein sensationelles Comeback erleben würde.

Die Mutter aller Pudel

Nach seinem Einzug ins Weiße Haus hatte Barack Obama, der 44. Präsident der USA, ein Wahlversprechen bei seinen Töchtern Sasha und Malia einzulösen. Die beiden wollten einen Hund. Favoriten waren zwei Rassen, die sehr viel mit dem Pudel zu tun haben: Entweder der Portugiesische Wasserhund – Cao de Agua de Portugues. Er ist als Stammform so etwas wie die „Mutter aller Pudel“. Oder alternativ: der Labradoodle. Eine

umwerfende Mischung aus Labrador Retriever und Pudel. Die Wahl fiel schließlich auf den Portugiesischen Wasserhund Bo, der drei Monate nach Amtsantritt einzog. Es folgte 2013 Sunny, die „kleine Schwester" des „First Dog". Wieder ein Cao de Agua de Portugues.
Als „First Dog" war die bis dahin eher rare Rasse plötzlich prominent. Weil alle Welt so einen Hund haben wollte, gab es Engpässe bei den wenigen Züchtern und endlose Wartezeiten auf die begehrten Welpen.
Ähnlich sieht es beim Labradoodle aus. Alle erdenklichen Mischlinge aus Pudel mit Mops, Spaniel und Labrador und anderen Rassen sind im 21. Jahrhundert total angesagt. Sie tragen als „Designerhunde" hippe Namen, die ihre gemischten Ahnen verraten: Labradoodle ist die Mischung aus Labrador väterlicherseits und Pudelmutter, ein Cockapoo hat als Vater Cockerspaniel und als Mutter eine Pudelhündin, Schnoodle aus Schnauzer und Pudel. Und sie sind umwerfend süß.
Doch werfen wir mal einen nostalgischen Blick auf den Pudel, der als Klassiker unsere größten Denker und Dichter begleitet und inspiriert hat.

Des Pudels Kern

Du stehest still, er wartet auf;
Du sprichst ihn an, er strebt an dir hinauf,
Verliere was, er wird es bringen,
nach deinem Stock ins Wasser springen.

Faust, Der Tragödie 1. Teil

„Dem Hunde, wenn er gut gezogen, wird selbst der weise Mann gewogen", heißt es in Goethes Faust bei der Begegnung mit dem zugelaufenen Pudel, den er vom Spaziergang mit nach Hause nimmt, wo er des Pudels Kern entdeckt.
Angekommen im Hause Faust entpuppte sich des Pudels Kern

als Mephisto, der Teufel in Person. Doch hat der Pudel wirklich den Teufel im Leib, liegt es an unserem Klassiker, dass er heute in so einem schlechten Licht steht, so wenige Fans hat? Konnten sich alle vier Jacob Sisters, Goethe und Schopenhauer irren? Vergessen Sie das Vorurteil vom etepetete-Pudelchen, das auf dem Schoß älterer Damen putzig Männchen macht, um eine Praline zu ergattern. Des Pudels Kern ist nämlich nichts weniger als eine verhätschelte Puderquaste.
Haben Sie sich mal gefragt, warum Pudel weltweit als Katastrophen- und Blindenhunde arbeiten, warum sie seit tausend Jahren die zuverlässigsten Jagdbegleiter waren, warum so viele Artisten im Zirkus, Fernsehen und auf der Bühne mit dressierten Pudeln auftreten? Und das, obwohl sie gerade nicht besonders populär sind. Der Grund liegt auf der Hand: Profis schätzen den ebenso quirligen wie disziplinierten Hund als zuverlässigen Partner für ihre Bühnenauftritte, bei denen es einfach klappen muss. Und weil er sportlich und lernwillig ist, gelingt dem Hundchen der zweibeinige Gang auf den Hinter- oder auch auf den Vorderpfoten, er balanciert auf der schmalen Wippe und springt mit Löwenmut durch brennende Reifen.
Was hat den talentierten Hund so sehr ins Abseits gedrängt? Von der Hitparade der beliebtesten Hunderassen zum Schlusslicht?

Vom Image her trägt der Pudel heute die rote Laterne des Tabellenletzten. Wie kommt es nur, dass viele ihr Gesicht schmerzlich verziehen, wenn sie nur das Wort „Pudel" hören? Das vierbeinige Gegenstück zum Gartenzwerg gilt als geschmackliche Verirrung, wenn der Halter nicht gerade zu jenem Kreis von Damen mit Rüschenbluse, Brosche und Perlenketten zählt, die ihr weißes Haar gern bläulich färben lassen und hauptsächlich über Erbschaften und Krankheiten sprechen. Zum Minirock der späteren Sixties schien der biedere Hund allerdings so wenig zu passen, wie ein Fuchsschwanz am Smart.
Es ist die Natur der Mode, dass sie vergänglich ist. Wer heute außerhalb der Karnevalszeit mit Schlaghosen im Stil des

ABBA-Bühnenoutfits aus dem Haus geht, muss Nerven haben, beim Dating können schon kleinere modische Vergehen fatal sein. Vielleicht ist es einfach das Schicksal, dass der Pudel recht lange „in“ war. Danach kam das unvermeidliche Mega-Out. Schuld daran ist aber nicht nur das festgefahrene Image der Halter, sondern auch die extreme Form des Stylings, die bisweilen albern erscheint. Nie zuvor hatten Hunde-Figaros so entscheidend und radikal Hand angelegt und aus einem klassischen Hund so etwas wie ein Spitzendeckchen auf vier Beinen zurechtgetrimmt. Mit Pommeln am Kopf, einem Pommel am Schwanz – den Accessoires, die zur Pudel-Mütze gehören.

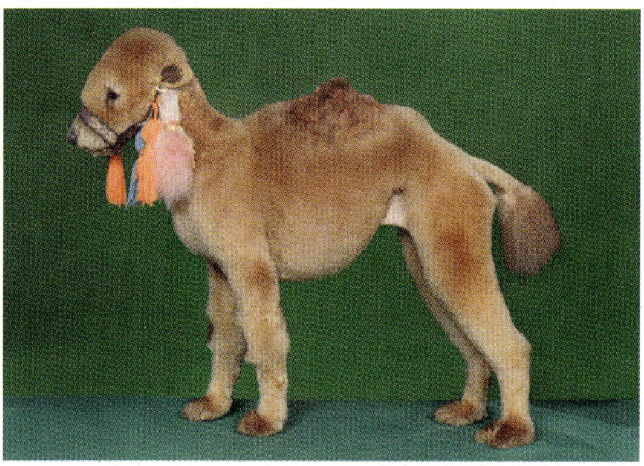

Kreative Groomer zeigen auf Wettbewerben, was sie aus einem Pudel alles machen können.

Pudel-Chic

Dabei war er einmal ein richtiger Gebrauchshund, pudelgesund fühlt er sich pudelwohl, wenn er pudelnass ist. Denn bereits vor 500 Jahren wird der „Pudelhund“ als „Wasserhund“ beschrieben, der hauptsächlich zur Jagd auf Wasservögel verwendet wurde. Sein Name leitet sich vom altdeutschen Wort „Pfudel“ für Pfütze ab und macht die innige Beziehung zum nassen Element deutlich. Noch heute weist der Pudel als eine von wenigen Rassen Schwimmhäute zwischen den Zehen auf. Eine Anpassung an seine angestammten Aufgaben. Auch die ursprüngliche Löwenschur des Pudels hatte die Aufgabe, seine Arbeit zu erleichtern: Mit den kahlgeschorenen Beinen ließ sich im Wasser besser paddeln, der dichte Pelz um Kopf und Brustkorb sorgte auch in der kalten Jahreszeit dafür, dass die inneren Organe durch eine isolierende Schicht geschützt waren.

Im 18. Jahrhundert machte der Jagdgefährte erstmals Karriere als standesgemäßer Begleiter der feineren Leute. Die nahmen ihn gern in die Wohnung, weil die besondere Fellstruktur des Wasserhunds verhindert, dass er Haare verliert, wie es bei anderen Rassen täglich abertausendfach vorkommt. Denn abgestorbene Haare fallen beim Pudel nicht aus, sie werden ausgebürstet. Ein Umstand, der ihm auch den Zutritt in die feinsten Salons gestattete. Nicht nur zu Goethes Dr. Heinrich Faust.
Arthur Schopenhauer (1788–1860) hatte seinen Begleiter Atma: Jeden Mittag ging das Gespann einträchtig gemeinsam zum Essen und anschließend spazieren. Und wenn sich der schrullige Philosoph mal über seinen eigenwilligen Partner ärgerte, beschimpfte er ihn schroff mit „Du Mensch“. Ebenso unzertrennlich waren auch der Dichter Jean Paul (1763–1825) und sein Ponto. Als Jean Paul beim Herzog von Bayreuth eingeladen war, brachte der Pudel sogar die höfische Tischordnung zu Fall. Ponto durfte mit an der Tafel speisen. Auch Richard Wagner (1813–1883) gewährte seinem Pudel außerordentliche Vorrechte. Das Tier war sogar bei den fast schon geheiligten Orchesterproben des Komponisten anwesend. Seinen Platz bei den Proben verlor

der Pudel erst, als er sich angewöhnte, den Klang des Cello mit lautem Gejaule zu untermalen. Der elegante und wohlerzogene Pudel war auch bei Wilhelm Busch (1832–1908) ein stets wiederkehrendes Hundemotiv. Und schließlich war der kluge Pudel Mohrchen als „First Dog“ sowas wie das Erkennungszeichnen des Reichskanzlers des Deutschen Kaiserreichs Bernhard von Bülow (1849–1929).

Von Natur und ohne Friseurgedöns ist der Pudel ein Superhund.

Danach ließ sich mit einem Pudel an der Seite keine Wahl mehr gewinnen. Die Glanzzeit war passé. In den wilden 20er Jahren erlebte er nochmals eine kurze Renaissance in den Salons und auf den Promenaden. Die war allerdings zu Ende, als das Ideal des Deutschen Schäferhunds im Führerhauptquartier und an den Kriegsfronten, wo sie als Melde-, Wach- und Minensuchhunde eingesetzt wurden, das Hundebild prägte. Zu Zeiten des Zweiten Weltkriegs galt die klassische Schur des Pudels als „undeutsch“ und wurde sogar verboten.
In den 60er Jahren kam der Pudel mit dem westlichen Wirtschaftswunder wieder in die „Guten Stuben“ und machte, ausgestattet mit Taftröckchen und diversem Tüddelkram wie Schleifchen und Klämmerchen im sorgsam auftoupierten Krönchen,

im Schwarzweiß-Fernsehen Karriere als Begleitung von allerlei Sternchen. Und im Gefolge der Jacob Sisters entstand ein Bild vom Pudel, das vielen nicht gefiel.

Im Hundesalon hat man den Niedergang des Pudels besonders schmerzlich erlebt. Pudel mit ihrer regelmäßigen Schur waren über viele Jahre die Hauptumsatzbringer. Als dann auch noch die Cockerspaniel wegbrachen, die wegen einer grassierenden Erbkrankheit, der „Cockerwut“ in Verruf geraten waren, bangte Beate Simon wie viele ihrer Kollegen schon um die Zukunft ihres Geschäfts.

Der Todesstoß für die Pudel kam aus ihrer Sicht aber weder von albernen Frisuren noch von uncoolen Haltern, sondern vom Tierschutzgesetz. Das verbietet seit 1998 das Kupieren von Hundeschwänzen. Ohne den Pommel als sozusagen krönenden Abschluss des Hecks der Figur, sah ein Pudel nicht mehr so aus, wie viele ihn sich wünschten.

Aktiv, sportlich und nicht die Spur überkandidelt – draußen fühlt er sich pudelwohl.

Im Hundesalon:

Pudelwäsche – Die Locken müssen raus

Toupiertes Krönchen war gestern. Der Pudelschnitt von heute orientiert sich mehr an Outdoor als am Salon.

Zwergerl, das fünfjährige Pudelmädchen zittert am ganzen Körper, als Frauchen und Herrchen sie im Hundesalon abgeben. „Das ist 'ne ganz Nervöse", sagt Beate. Zwergerl ist bereits die dritte Pudel-Generation ihrer Familie, die Beate betreut. Stammkundschaft seit der Eröffnung des Salons vor über 30 Jahren. Man hat Routine, weil das Waschen, Schneiden, Föhnen und die Pediküre alle sechs Wochen auf Termin stehen.
Mit Frauchen oder Herrchen im Raum kommt das hibbelige Pudelchen überhaupt nicht zur Ruhe – so geht das Ehepaar gleich für eine gute Stunde weg. Beate hievt das Zwergerl ins Becken, das in Höhe einer Küchenarbeitsplatte angebracht ist. Ein „Galgen" über ihr hält die Kette, die am Halsband eingeklinkt wird. Eine Vorsichtsmaßnahme, damit die vierbeinige Kundschaft nicht aus einer Laune heraus das Bad verlässt und herunterfällt. Die Wanne hat einen rutschfesten Boden, damit Zwergerl sicher steht und sich sicher fühlt. Beate prüft die Temperatur des Wassers, bevor Zwergerl geduscht und gründlich shampooniert wird. PH-neutral, damit es nicht in den Augen brennt. Das Shampoo dürfte auch für die allerempfindlichsten Menschenkinder verträglich sein. Am Shampoo darf man nicht sparen – nicht an der Menge und nicht an der Qualität. Wenn es um höchste Ansprüche oder um feines, gelocktes Haar geht, wie beim Pudel etwa, müssen die Locken vor dem Schnitt raus. Nicht gerade Zwergerls größtes Vergnügen, im Luftstrom des Turboföhns zu stehen: Rücken, Seiten, Ohren, Rute, Beine ... alle Locken müssen raus.
Vor dem Schnitt muss so ein Pudel aber nicht nur „bügelfeucht", sondern sozusagen schranktrocken sein. Bei den Pfoten, die zwischen den Zehen immer noch etwas feucht sind, spielt das keine Rolle. Sie werden Zeh für Zeh ausrasiert. Was nicht nur elegant aussieht, sondern den Zweck verfolgt, dass das Tier nach Spaziergängen möglichst wenig Nässe oder Schmutz in die Wohnung trägt.
Die Krallen werden geschnitten und bei Zwergerl sogar gefeilt. Warum gefeilt? Zwergerl ist, wie der Name schon sagt, ziemlich

klein. Vielleicht liebt sie es darum, ihre Leute und Freunde auf den Hinterbeinen stehend zu begrüßen und mit ihren Vorderpfoten freundlich zu betätscheln. Frisch geschnittene Hundenägel aber sind an den Kanten scharf, ritzen Haut und Textilien. Darum werden sie mit der Diamantfeile geglättet und gerundet. „Früher, als Anzüge und Jacken noch mit Schulterpolstern unterfüttert waren, haben wir auch bei den Pudeln das Haar an den Hosen und Schultern recht hoch geschnitten", sagt Beate. Heute bevorzugt sie den „Schäfchenschnitt", der die Hosen tiefer legt, mit schäfchenweichen Übergängen vom Rumpf auf die Beine. Am liebsten würde sie Pudeln heute ja den „Jagdclip" verpassen. Eine moderne Frisur ohne Krönchen und mit einem gestutzten Bart. Dann sieht so ein Pudel aus, wie ein richtiger, schneidiger Jagdhund. Der er ja von seiner Geschichte her auch ist.

Begeisterung sieht anders aus. Aber: Alle sechs bis acht Wochen muss ein Pudel zum Friseur.

Neubeginn mit Terrier Terry

„Nie wieder einen Hund", hieß es nach dem traurigen Ableben unserer lieben Antje. Doch lange hielten wir das nicht durch. Es sollte wieder ein Airedale Terrier sein. Wir besuchten eine Züchterin 60 Kilometer lahnaufwärts, nicht weit von Limburg im Ort Holzapfel. Da gab es einen Wurf entzückender Welpen und wir wurden uns schnell einig über den kleinen Terry.
Ein paar Wochen mussten wir uns noch gedulden, bis er alt genug sein würde, die Familie zu verlassen. So lange wollte ich nicht warten, setzte mich, wenn das Wetter passte, nach der Schule auf meine rote Kreidler GT und knatterte nach Holzapfel, um meinen Hund zu besuchen. Mit dem nicht ganz unerwünschten Erfolg, dass Terry mich vor allen anderen freudig begrüßte, als die Familie ihn mit unserem Ford 17 M, der wegen seiner Form auch als „Badewanne" bekannt war, endlich abholte.
Aufgrund einschlägiger Erfahrung kann ich jedem nur raten, das Auto mit alten Decken auszulegen, bevor ein junger Hund zu seiner Jungfernfahrt einsteigt. Die große Umstellung, die neue Familie und das Schaukeln sind doch ein bisschen mehr als Magen und Darm vertragen.
Ringsum in der Nachbarschaft wurde gebaut. Auf dem nordwestlichen Ausläufer des Taunus hinter Burg Lahneck rund hundert Meter über dem Rheintal entstand damals ein neuer Ortsteil „Auf der Höhe". Wegen der vielen Juristen, die sich da niederließen, hieß die Anhöhe unter uns Anwohnern „Juristenhügel" – aus naheliegenden Gründen aber auch „Schuldenberg", wegen der Risiken beim Häuslebau. Für unsere alte erblindete Antje waren die Baustellen mit ihren Gruben noch Fallen – dagegen für den jungen Terry und uns von unschätzbarem Vorteil. Besonders bei der Sauberkeitserziehung. Wir führten ihn ganz gezielt zu Haufen von Sand, Kies oder Split, die praktisch überall waren. Dieses Material unter den Füßen wirkt auf Darm und Blase junger Hunde einfach unwiderstehlich. Zu jeder Tages- und Nachtzeit brauchte man nur dieses Baumaterial besuchen und konnte

dann wieder zurückgehen. Zu der Zeit war es noch nicht üblich, die Hinterlassenschaften seines Hundes mit Plastiktüten einzusammeln und zu entsorgen – sie werden also in Fundamenten und Mauerwerken der neuen Häuser für die Nachwelt verbaut worden sein.

Mit Airedale Terrier Terry, um 1969

High Noon auf dem „Schuldenberg"

Weil der Berg zu dieser Zeit noch spärlich besiedelt war, hatten sich einige der Bewohner zu ihrer Sicherheit scharfe Hunde zugelegt. Um die sollte man einen Bogen machen. Ein Handelsvertreter, der auf seinen Dienstreisen Frau und Kinder in Sicherheit wissen wollte, hatte seinen Boxer Bill zum scharfen Wachhund ausbilden lassen. Mit dem war auf dem großen Grundstück, das den Bungalow umgab, nicht gut Kirschen essen. Am schlimmsten aber war Rex, der scharfe Schäferhund eines Möbelgroßhändlers.

Passierte man mit Hund seinen Zaun am Jägerpfad, dann stellte Rex die Rückenhaare auf und setzte ein knurrendes zähnefletschendes Wolfsgesicht auf. Für unsere Antje hatte das die positive Wirkung, den Stuhl ungemein zu fördern. Sonst blieben wir auf Distanz und wenn man einander angeleint beim Spaziergang traf, dann grüßte man sich aus der Ferne, während Rex knurrend und zerrend keinen Hehl aus seinen Absichten machte.

Unser Terry war gerade ein halbes Jahr alt, ich mit 16 Jahren als Hundeführer schon ziemlich stolz (Antje wäre nie mit mir allein und nur mit wenigstens einem Elternteil aus dem Haus gegangen. Für sie war ich Kumpel, aber keine Respektsperson), als wir am Nachmittag einen Schock erlebten. Denn am Ende des Falknersteigs stand wie versteinert Rex und sah uns an. Dieses Mal war er nicht angeleint.

Die Situation erinnerte an den Western High Noon, wo Gary Cooper als Marshall seinem Todfeind auf der Hauptstraße der Kleinstadt entgegenreitet. Ein Duell, das nur einer überleben würde. Rex stürmte auf uns los. Was tun? In meiner Angst nahm ich die Beine in die Hand und rannte mit dem kleinen Terry an meiner Seite auf den Angreifer zu.

Ich hatte mir vorgenommen, ihm im letzten Moment, sobald er nahe genug war, einen Tritt zu versetzen. Für Rex, der mit einer Gegenattacke offenbar nicht gerechnet hatte, kam unser Sturmangriff so überraschend, dass er kurz vor dem Zusammenprall

einknickte, den Schwanz einkniff und zu Frauchen abdrehte, die vergeblich versucht hatte, ihn zurückzurufen.
Ich lobte Terry ob seines Mutes und hatte nun eine Lösung gefunden, wie wir künftig aggressiven Hunden begegnen konnten, ohne Schaden zu nehmen. Es ist nicht verwunderlich, dass unsere Familien von dem Tag an verfeindet waren und sich nicht einmal mehr grüßten, was unter den Bewohnern des „Schuldenbergs" absolut unüblich war.

Die große Töle hatten wir gemeinsam in die Flucht geschlagen. Eigentlich ein Erlebnis, das das Selbstbewusstsein eines jungen Hundes stärken sollte. Doch trotz seiner stattlichen Größe von knapp 60 Zentimetern Schulterhöhe war Terry alles andere als selbstbewusst. Vielmehr war er von merkwürdigen und für uns unerklärlichen Ängsten besessen. Rauschte nur ein leichter Wind in den Baumkronen, dann blickte er furchtsam nach oben, kniff den Schwanz ein und zog nach Hause. Der Tag war weitgehend gelaufen für unser Sensibelchen. Einen Grund für diese Angst konnten wir nicht finden, schlechte Erfahrung mit Bäumen hatte Terry nie gemacht.
Aus der Fachliteratur über Airedale Terrier, über ihre Geschichte und ihre Eigenarten, hatten wir gelernt, dass die Rasse in England als guter Polizeihund, Meldegänger und Minensuchhund gilt. Auf unser Exemplar traf das jedenfalls nicht zu. Denn Terry war alles andere als „schussfest". Beim Knall etwa einer Fehlzündung, die es damals noch bei Autos gab, verzog er sich in die hinterste Ecke der Wohnung. Silvester und Gewitter waren für ihn jedes Mal der Weltuntergang.
Besonders schrecklich: Auf der gegenüberliegenden Lahnseite, wo der Westerwald begann, lag in drei, vier Kilometern Luftlinie das Truppenübungsgebiet Schmidtenhöhe der Koblenzer Garnison. Hier wurde bei Manövern mächtig geballert und ab und an überflogen Starfighter das Militärgebiet und ließen mit ihrem Überschallknall Wände und Fensterscheiben wackeln. Was unseren Terry so sehr in Panik versetzte, dass wir ihn einmal in

der ungeliebten Badewanne fanden, wo er versuchte sich in den Abfluss zu graben.
Eine weitere Angst betraf das Wurmmittel Piperazin. Hatten ihm die Würmer vielleicht diesen Floh ins Ohr gesetzt, dass er dieses Mittel unbedingt meiden sollte? Es gibt ja einige Beispiele im Tierreich, die zeigen, wie der Parasit seinen Wirt zum eigenen Vorteil manipuliert. Eigentlich habe ich es ja schon immer gewusst – spätestens aber seit Terry gegen Würmer behandelt wurde, war mir klar, dass Hunde unsere Worte ganz gut verstehen. Eine vom Tierarzt empfohlene Paste, die wir ins Futter schmuggelten, schmeckte ihm überhaupt nicht. Wir gingen äußerst vorsichtig mit dem Namen des Präparats um. Denn sobald das Wort „Piperazin" auch nur ganz beiläufig fiel, war Terry plötzlich verschwunden. Heimliches Verstecken der Paste in einer leckeren Wurst half da auch nichts. Terrys feine Nase witterte jeden unserer hinterlistigen Versuche, das Mittel in seinen Verdauungstrakt zu schmuggeln.
Wie vom Erdboden verschluckt, war Terry auch, wenn er seinen Namen in Zusammenhang mit „Badewanne" hörte. Gutes Zureden mit Engelszungen half da nicht – er verstand einfach alle Wörter, die für ihn von Bedeutung waren. Bei „Schokolade" spitzte er die Ohren, bei der Rede von einem Spaziergang lief er zur Garderobe und brachte uns die Leine. Viele Hundehalter sind deshalb überzeugt: „Meiner versteht jedes Wort". Und gestandene Wissenschaftler geben ihnen da völlig Recht.

Die 70er Jahre – Bewegte Studentenzeit

An der Lahnmündung mit Terry, Hugo und der großen Schwester, um 1977

Schon als kleines Mädchen träumte Beate Simon davon, einen eigenen Hund zu haben. Am liebsten besuchte sie damals den Großvater, der in Köln am Rhein wohnte, Lokomotivführer war und der im Nebenberuf die Schäferhunde der Bahnpolizei ausbildete. Der Porzellanschäferhund, den er von der Bahn als Anerkennung seiner Verdienste bekam, hatte einen Ehrenplatz auf der Wohnzimmerkommode. Das Erbstück steht heute in Beates Salon.
Zurück von einem Besuch bei Opa kam Beate an einem Tiergeschäft am Rotkreuzplatz in München vorbei. Gleich gegenüber der Jugendherberge gab's da ein Tiergeschäft mit drei Dackelwelpen aus der Dackelhochburg Gergweis im Schaufenster. Einer davon sollte es sein. Die Eltern vertrösteten ihre achtjährige Tochter: „Wenn du mal dein eigenes Geld hast, kannst du dir einen Hund halten." Für Beate war damit grünes Licht gegeben. Hatte sie doch von den Geldgeschenken zu ihrer Kommunion 350 Mark im Sparschein. Ihr Geld. Damit ging sie zum Geschäft und wollte ihren Hund abholen. Doch der Inhaber bestand vernünftigerweise darauf, dass die Eltern mit ihr kämen. Zu Hause zog Beate alle Register, kam mit ihren Eltern wieder und hatte mit acht Jahren bereits ihren ersten Hund. Einen Rauhaardackel, den sie von da an versorgte und betreute.

In unserer kleinen Stadt am Rhein gab es auch so ein Tiergeschäft. Die Inhaberin war zugleich auch fürs Trimmen und Scheren der Hunde zuständig. In einer exotischen Kulisse voller Aquarien mit bunten Fischen und Wasserschildkröten, Volieren mit Kanarienvögeln, Wellensittichen und Papageien. Ich war immer gerne da. Und Terry hatte auch kein Problem. Nur meinem Vater war es seit seinem Fauxpas beim ersten Besuch peinlich dorthin zu gehen. Und das kam so: Die Inhaberin hatte eine sehr tiefe und raue Stimme. Mein Vater gab ihr den Tipp, mal mit heißem Wasser zu gurgeln. Da legte sie ihren Schal ab und wies auf die lange OP-Narbe, die quer über den Hals verlief. Gurgeln mit heißem Wasser hätte da nicht geholfen.

Schwester, Neffe und Terry, um 1972

Wie auch immer – Terry mochte die Stimme und ließ sich gerne scheren. Danach war er jedes Mal völlig aus dem Häuschen, versuchte seinen Schwanz zu fangen und sprang wie ein Schaukelpferd durch die Diele, dass die Läufer nur so rutschten. „Altes Herz wird wieder jung", sagte meine Mutter zuverlässig nach jedem Friseurbesuch. Der Verjüngungseffekt hielt bis ins hohe Alter an, in dem Terry an manchen Tagen zur Unterstützung des schwachen Herzens Digitalis-Tropfen bekam.

1971 musste Terry keine Angst mehr vor Überschallknall, Silvesterböllern, Wind in den Baumwipfeln und Wurmmitteln haben. Im Alter von 13,5 Jahren hatte ihn der Krebs ereilt und der Tierarzt erlöste ihn. Die Lebensspanne war ziemlich gleich der unserer Antje und wir hielten es für angemessen, ihn an Antjes Seite zu begraben. Einige glückliche Jahre hatte er noch mit Dackel Hugo verbracht. Die beiden schliefen Seite an Seite im Körbchen und waren sich fast immer einig. Einzig beim Futter zog der große Terry immer den Kürzeren gegenüber einem Dackel, für den am Napf die Freundschaft aufhörte. Wenig später, im gesegneten Dackelalter von 17 Jahren hörte Hugos Herz auf zu schlagen.

Es heißt ja, dass das Leben anfängt, wenn die Kinder aus dem Haus sind und der Hund gestorben ist. Dieser Lebensweisheit und allem Abschiedsschmerz zum Trotz überlegten meine Eltern nicht lange, nachdem ich zum Studium von zu Hause ausgezogen war, welche Rasse ihnen gefallen könnte. Nachdem sie schon etwas älter waren, wollten sie keinen großen Hund mehr – einen ausgewachsenen Airedale Terrier hätten sie nicht mehr festhalten können, glaubten sie.
Pudel, die in all den Jahren immer beliebte Spielgefährten für unseren Terrier waren, erschienen ihnen zu affig. Sie verwiesen auf die Jacob Sisters und besonders auf Frau Eberhard. Letztere Pudelhalterin galt als ziemlich überkandidelt und etepetete. Sie fiel im Freibad durch ihren besonderen Schwimmstil auf, bei dem sie den Kopf so hoch aus dem Wasser streckte, dass kein Tropfen an ihre kunstvoll hochtoupierten Haare kam. Manchmal machten wir uns einen Spaß daraus, diesen aristokratischen Stil zu imitieren, schwammen, mit dem Kopf hoch über dem Wasser und fragten: „Wer ist das?“ Die Antwort war leicht zu erraten ...

Schwester Elke mit Hugo, Anfang der 70er Jahre

Dackelglück mit Blümchen

Es war ein spontaner Entschluss, als meine Eltern – nur zum unverbindlichen Anschauen – zu einem Forsthaus im Taunus fuhren, wo ausgerechnet zu dieser Zeit, scheinbar ganz zufällig noch Welpen aus einem Wurf Rauhaardackel abzugeben waren. Ihre Wahl fiel auf einen Dackelwelpen mit ausgeprägter blonder Stirntolle, die angeblich aus der Erbmasse eines Dandie Dinmont Terriers stammte, der irgendwann mal zur Verschönerung in die Rasse der rauhaarigen Dachshunde eingekreuzt wurde. Anders als Hugo mit ihren Schrullen und Animositäten, war Blümchen das freundlichste Wesen, das man sich vorstellen kann, ein Hundchen, das den Briefträger liebte und die Katzen aus der Nachbarschaft, wenn die ihre Liebe auch nicht unbedingt erwiderten. „Make love not war", der Slogan der Blumenkinder aus den 60er Jahren hätte zu Blümchen gepasst. Doch bei

Spielpause. Während der 20 Uhr-Nachrichten mit Werner Veigel in den 70er Jahren waren alle still.

aller Liebe – auf Kommandos hörte sie als Dackel und Kind ihrer Zeit nie. Keiner wäre jemals auf den Gedanken gekommen, ihr ein „Sitz“, „Platz“ oder „Aus“ einzureden. Es sei denn als Gag, mit dem man beweisen wollte, wie sehr sie ihren eigenen Kopf hatte. Pudel wollen gefallen und es ihren Menschen rechtmachen. „The will to please“, nennen Hundezüchter diesen Wunsch zu gefallen. Sozusagen der geborene Untertan, der alles macht, was man ihm befiehlt. So ein Gehorsam passte nicht mehr in eine Zeit, als die Jugend gegen den Vietnamkrieg protestierte, immer mehr den Wehrdienst verweigerten. Eine Hymne der 70er Jahre von Pink Floyd brachte es auf den Punkt und lief damals auf dem Plattenspieler oder von der Kassette rauf und runter: Keine Erziehung, keine Kontrolle.

Eine von Blümchens Marotten: Gardinenschleier mit diskretem Durchblick

Wenn auch der Bayerische Ministerpräsident und Freizeitjäger Franz Josef Strauß das sicher nicht unterschrieben hätte, so hielt er doch privat Hunde, die eine aufmüpfige, antiautoritäre Haltung wie keine andere Rasse verkörperten: Dackel. Und er war damit in bunter Gesellschaft. Pablo Picasso und Andy Warhol waren Dackelfans – und auch Willi Daume, der Präsident des Olympischen Komitees, das die Spiele 1972 in München organisierte. Willi Daume ist wohl verantwortlich für den beispiellosen Boom, indem er einen Dackel namens Waldi zum offiziellen Maskottchen der Spiele kürte. Olympia-Waldi gab's in Plüsch, in Silber und Gold, als Einkaufstasche oder zum Aufblasen. Der Verband für das Deutsche Hundewesen in Dortmund, das Standesamt sozusagen, dem alle Geburten der offiziellen Züchter gemeldet werden, registrierte einen unglaublichen Babyboom von 20.000 Dackelwelpen in einem Jahr. Bei Steigerungsraten von 20 bis 30 Prozent im Jahr waren Pudel und Schäferhunde in der Welpenstatistik des Verbands durch Waldi von den Führungsplätzen verdrängt worden. Und neben Waldi gab es noch einen Gewinner: Der berühmte Wackeldackel hatte in den 70er Jahren die Heckablage deutscher Autos erobert und damit die eingehäkelte Klorolle und das Kissen mit aufgesticktem Kennzeichen von ihrem alten Stammplatz verdrängt.

Von Bielefeld, wo ich mittlerweile studierte, bis zu den Eltern war es mit 300 Kilometern schon eine gehörige Strecke. Vor dem Wechsel der Universität war ich in Mainz und konnte jedes Wochenende nach Hause. Doch jetzt lohnte sich die lange Fahrt nur in den Ferien und an Feiertagen. Ich freute mich auf ausgedehnte Hundespaziergänge auf den Lahnhöhen mit meiner Mutter und Blümchen. Mein Vater war da nicht mehr gut zu Fuß. Ich wollte von den für mich so spannenden Vorgängen im Institut und von meinen neuen Freunden in Ostwestfalen erzählen. Doch ich kam nicht viel zu Wort, erfuhr dafür umso mehr aus Blümchens Leben. Der Dackel im Hause hatte meine Mutter regelrecht aufblühen lassen. Mit ihr hatten meine Eltern ein neues Kind gefunden, das ihr Leben wunderbar erfüllte, wie ich aus unseren regelmäßigen Telefongesprächen hören konnte.

Wie der Dackel in das Brötchen kam

Wo kommt der Hot Dog her? Herr Diesel hat den einen Motor erfunden, Herr Otto den anderen, Frau Sacher die Torte und Lady Curzon jene Schildkrötensuppe, der die Suppenschildkröte ihren Namen verdankt. Der Earl of Sandwich machte das belegte Butterbrot salonfähig. Doch wer kam auf die geniale Idee, heiße Würstchen mit etwas Senf oder Ketchup in längliche Brötchen zu schieben und diesen Snack „Heißen Hund" zu nennen?
Den Hot Dog reicht man in Berlin, Rio, Peking, Moskau, Kuba, Mumbai und New York – und überall kann sich der Weltenbummler darauf verlassen, dass er so schmeckt, wie ein Hot Dog eben schmeckt, und dass er nicht die Welt kostet.
Es gehört zu den wunderbaren Perlen des absolut unnützen Wissens, dass der Dackel zum ersten dieser heißen Hunde wurde. Seiner lang gestreckten Gestalt wegen heißt er in den USA ja „Wiener Dog". Mit gleichem Recht allerdings könnte er auch der „Frankfurter Dog" sein. Denn über die frühesten Ursprünge streiten sich zwei Städte: Frankfurt und Wien, mit je eigenen Würstchen, die sich vorwiegend in der Größe unterscheiden.
Die älteste Quelle aus dem Jahr 1487 weist auf Frankfurt am Main als den Ursprung des Würstchens, andere Quellen geben an, dass ein Coburger Metzger namens Johann Georghenner die Wurst im 17. Jahrhundert in Frankfurt einführte. Ob Wien, Frankfurt oder Coburg der Entstehungsort ist – feststeht, dass der deutsche Metzger Charles Feltmann als Einwanderer im Jahr 1871 erstmals einen Würstchenstand auf der New Yorker Amüsier-Insel Coney Island betrieb. Der Verkauf der Würstchen, die in Wasserbehältern heiß gehalten wurden, lief gut, und wenn jemand Feltmann fragte, ob die Speisen auch koscher seien und was darin stecke, antwortete der witzige Verkaufsmann im Hin-

blick auf die längliche Form „Dachshunds“, also Dackel. Der launige „Red Hot Dachshund“ bürgerte sich bald im Jargon der Straßenverkäufe, der Vergnügungsparks und der Sportstadien ein.
In einer kalten Aprilwoche des Jahres 1901 kam es zu einer folgenschweren Entscheidung im Football-Stadion der St. Louis Browns. Harry Stevens, der im Stadion die Konzession für fliegende Händler hatte, blieb in den kalten Tagen auf Eis und Soda sitzen und fuhr Verluste ein. Angesichts der niedrigen Temperaturen wollten die Leute etwas Warmes. Harry Stevens rüstete seine Verkäufer mit Heißwasser-Behältern aus und orderte so viele Würstchen wie möglich. Die Verkäufer hatten die neue Ware bei ihren Gängen durch die Ränge anzupreisen: „Get your Red Hot Dachshund Sausages!“ Die neue Szene im Stadion nahm der Karikaturist Ted Dorgan für das Magazin „Sports“ auf die Schippe. Und weil Dachshund ein so langes Wort war, das nicht auf dem engen Raum seiner Sprechblasen Platz hatte, ließ der Künstler seine Verkäufer kurz „Hot Dog“ rufen, was die Geburtsstunde des Namens war.
Es dauerte allerdings noch bis 1914, bis der erste Hot Dog im Brötchen daherkam. Wie alle Hot Dog-Verkäufer reichte auch Anton Feuchtwanger seinen Kunden einen Handschuh zum Festhalten der heißen Würstchen. Doch die bekamen bald Beine. Feuchtwanger hatte es satt, immer neue Handschuhe zu kaufen und so kam er auf die Idee, die siedend heißen Würstchen mit einem Brötchen zu ummanteln. Die Brötchen bezog er günstig von seinem Schwager, einem Bäcker.
Als dann im Jahre 1936 ein gewisser Oscar Mayer den ersten Hot Dog-Wagen auf die Straßen brachte, war der weltweite Siegeszug vorbereitet. Das „Wienermobile“ zog zu Baustellen, Werften, vor die Eingänge von Kaufhäusern, Bürohäusern und an Wochenenden in die Parks. Immer auf den Spuren der Kunden, die den kleinen Snack zwischendurch besonders in Zeiten knapper Kassen zu schätzen wussten. Und knappe Kassen haben schließlich, wie wir wissen, immer Konjunktur.

Wie der Dackel auf den Dom kam

Wenige Jahre nachdem Anton Feuchtwanger dem „Wiener Dog“ in Gestalt des Hot Dog zur Unsterblichkeit verhalf, setzte ein Deutscher Baumeister seinem Dackel ein ungewöhnliches Denkmal. Als Wasserspeier am Dom zu Worms. Warum er das tat – das schildert er in ergreifenden Worten:

Worms im Jahre 1920: „Gestatten? Philipp Brand. Baumeister von Beruf. Ich leite die Renovierungsarbeiten am ehrwürdigen Dom zu Worms und heute ist mir etwas gar Unglaubliches passiert.

Ich stieg in der Früh, ganz wie jeden Morgen, hoch zum Gerüste und begann mein Tagwerk. Wie so oft hatte ich meinen lieben Dackel mitgebracht – er ist mir ein treuer Freund seit so vielen Jahren, immer brav und immer gut und kein Bau würd mir ge-

Der am Dom verweigte Dackel

lingen, wär er nicht mir zur Seit'. Ich beginn' also, und voll Fleiß bin ich bei der Arbeit, als plötzlich das Tier zu bellen anfängt. Aggressiv wird er, wie ich ihn noch nie gesehen. Er springt nach mir und schnappt und beißt und vor Angst und Schmerz mach' ich einen Sprung zur Seit', als plötzlich, just wo ich stand an der Stell', ein Gesteinsbrocken einschlägt von oben herab.
Ich war ganz außer Atem, mein Herz schlug mir schnell beim Anblick vom Felsstück, das mich hätt' beinahe erwischt. Mein Dackel ist jetzt wieder so, wie ich ihn gewohnt. Ganz ruhig und lieb und leckt mir am Bein, wo er mich eben noch biss. Ein treuer Freund ist er, immer brav und immer gut und ein Held noch dazu, der mich bewahrt hat vor dem Tode.
Darum beschließe ich, Philipp Brand, heute, dass ich ihm setzen will ein Denkmal, auf meine Art. Am Südportal von diesem Dome soll's sein, wo der Hund so gern lag auf den Wiesen."

Rund um den Hund:
Als der Collie meine Ente stahl

1974 nahm in der Universität Bielefeld das neue Institut für Verhaltensforschung seine Arbeit auf. Als es in den 60er Jahren geplant wurde, waren noch viele Planstellen für Forschung und Lehre in dem 115 Meter langen Trakt vorgesehen. Doch mit der Ölkrise 1972 und der folgenden Rezession wurden die hochfliegenden Pläne erstmal eingefroren. Anderen Fakultäten ging es nicht besser. Hier wurden Bauten nicht beendet, Einrichtungen nicht fertiggestellt. Man musste sich auf unbestimmte Zeit mit allerlei provisorischen Lösungen helfen.
Erste Kollegen von der Chemischen Fakultät hatten schon Labors und Räume im Institut für Verhaltensforschung bezogen. Um weitere Büros und Arbeitsplätze für Biologen zu sichern, besetzte unser Professor Klaus Immelmann möglichst viele Leerstände mit Kollegen seiner Fakultät. So kam es, dass ich als Student, der aus Mainz gerade mal sein frisches Vordiplom in der Tasche hatte, bereits den Schlüssel zu einem voll ausgestatteten Büro von 40 Quadratmetern bekam. Mit großer Fensterfront, Konferenztisch und allem, was für einen der geplanten zusätzlichen Lehrstühle vorgesehen war. Weil die finanzielle Krise sich weiter hinzog, konnte ich dieses für einen Studenten unglaubliche Privileg bis zum Abschluss genießen.

Manche Kollegen hatten ihre Arbeit stets dabei. So Erik Zimen, der über die wölfische Abstammung der Hunde und das Verhältnis Mensch und Hund forschte. Oder der schwedische Gastforscher Sverre Sjölander mit seinen Neuguinea Dingos. Das Institut selbst glich einem Zoo. In großen Außenanlagen hüpften Kängurus und Muntjaks, es gab Wasserschweine, Pakas, Agutis und vermutlich Europas größte Kolonie an Soldatenaras. Im Keller ein Aquarium mit mehreren 2.000 Liter-Becken sowie einer großen Zahl kleinerer Anlagen mit Krallenfröschen und Cichliden – jenen Fischen, die sich als Maulbrüter durch besondere Brutpflege auszeichnen. Drinnen hatte sich eine kleine primatologische Abteilung mit etwa 200 Liszt-Äffchen eingerichtet. Forschung wurde auch anhand von Meerschweinchen betrieben. Alles unblutig und vorwiegend angetrieben von der Frage, wie frühkindliche Erfahrung die Lebenswege von Tieren beeinflusst. Zum Beispiel: Wie singt ein Zebrafink, wenn er im Nest einer anderen Vogelart aufgezogen wird? So, wie es sich für einen Zebrafinken gehört – oder wird er gar singen, wie sein Stiefvater, das Möwchen? Wen wird er anbalzen, wenn er die Wahl hat zwischen Zebrafink und Möwchen?

Für solche Fragen hatten unsere findigen Tüftler ein einmaliges Testgerät entwickelt – das hieß im Institut „Finkodrom". Eine Art umgekehrter Peepshow. In der Mitte war ein Finkerich, ringsum hinter verschiedenen Fenstern saßen die Weibchen. Das Männchen hatte die frei Wahl, welche der Damen er mit seinem Gesang erobern wollte. Weil die Statistik derzeit so hoch in Kurs stand, wurde jede Strophe erfasst und einem Weibchen zugeordnet. Damit keine zufälligen individuellen Präferenzen eines möglicherweise indisponierten Vögelchens Ergebnisse solcher Prägungsexperimente verfälschen, wurde mit großen Zahlen gearbeitet. Zeitweise zwitscherten in Professor Immelmanns Institut 5.000 Zebrafinken, die wir ob ihrer imposanten Vermehrungsrate intern als „Zebraficker" bezeichneten. Ambitionierte Ornithologen, wie unser Professor einer war, hießen in unseren Kreisen „Ornithomanen".

Aufgrund seiner Forschungen und Experimente auf dem Feld der Prägung galt unser Professor Immelmann als der „Prägungspapst". Seine reizende Gattin lernten wir nur bei Empfängen und Feiern außerhalb des Instituts kennen. Hinein ging sie nie. Hatte sie doch – was im Nachhinein psychologisch irgendwie nachvollziehbar scheint – eine Allergie gegen Staub aus Vogelfedern und Vogelkäfigen entwickelt.

Im Sommersemester stand ein Praktikum der Verhaltensforschung auf dem Lehrplan. Wer das Institut und seinen Chef kannte, wusste, dass es sich nur um ein Prägungsexperiment handeln konnte. Zusammen mit einem Team aus vier Kommilitonen hatten wir Entenküken zu prägen. Während es bei den nesthockenden Zebrafinken um sexuelle Prägung ging, sollten wir die gute alte Nachlaufprägung der Nestflüchter erkunden.
Frisch geschlüpfte Entchen erblicken normalerweise als erstes ihre Mutter. Anders als die nackten und blinden Küken von Nesthockern, für die es in den ersten Lebenswochen piepegal sein kann, ob sie den oder die kennen, der oder die ihnen ständig Würmer in den aufgesperrten Schnabel stopft, ist es für Enten- und Gänseküken von Bedeutung, ihre Mutter persönlich wahrzunehmen. Denn fit und mobil wie sie nach dem Schlüpfen sind, müssen sie der Mutter folgen.
Per Definition ist die Prägung ein einmaliger Lernvorgang, der nur in einer sensiblen Phase der Entwicklung stattfinden kann. Wer die Zeit verpasst, in der die Tür für diesen Lernvorgang geöffnet ist, der entwickelt keine persönliche Bindung zur Mutter, wer in der kritischen Zeit aber etwas anderes sieht, als die Mutter, der läuft in den nächsten Wochen einem anderen Objekt hinterher. Das kann ein Mensch sein oder, wie frühere Experimente zeigten, auch ein Ball oder ein Schuhkarton.
Wir sollten der Frage nachgehen, wie lange die sensible Phase für diese Festlegung der Mutter dauert. Ist das Zeitfenster zu dem einmaligen und unvergesslichen Lernvorgang nach einigen Stunden geschlossen? Insgesamt hatten wir 60 Enteneier im Brutschrank. 56 brauchten wir eigentlich nur für die Testläufe, vier waren Reserve, weil nicht alle Eier gesunde, lebensfähige Küken hervorbringen würden. Es schlüpften jedoch zwei Stockentchen mehr, als die Wissenschaft benötigte. Was sollten wir damit tun? Die gelben, flauschigen Küken waren so umwerfend süß, dass sie in unserem kleinen Kreis schnell Abnehmer fanden.

Ich war plötzlich Entenmama und der kleine Donald war auf mich geprägt, hatte mich in sein Herz geschlossen. War ich mal nicht in Sicht, dann unterhielten wir uns angeregt und pausenlos „piepiepieeep" mit dem sogenannten Stimmfühlungslaut. Im Zimmer im Studentenwohnheim in der Jakob Kaiser Straße blieb er mir stets dicht auf den Fersen. Ich baute ihm aus einem Brett eine kleine Rampe, damit er mich in die Dusche begleiten konnte.

Unterwegs hatte ich das Küken in einer Umhängetasche ständig bei mir. Zwischendrin bestätigten wir gegenseitig unsere Anwesenheit und Aufmerksamkeit mit dem „Piepiepieeep". Die Stoffwechselrate des rasch wachsenden Entleins nahm mit der Nahrungsmenge und seiner Größe zu. In der Umhängetasche wechselte ich ständig Papiertücher, im Zimmer platzierte ich einen mit Papierhandtüchern ausgelegten Umzugskarton als Laufstall direkt neben dem Schreibtisch. Doch nachts bestand der Piepser laut darauf, auf dem Kopfkissen schlafen zu dürfen. Wegen des Stoffwechsels, der bei diesen Wasservögeln auch nachts keine Ruhepausen einlegt, ist das kein reines Vergnügen. Aber ein richtiger Biologe muss sowas aushalten.

Alleine lassen konnte ich meinen Schützling nicht einmal für wenige Minuten, ohne dass er in Panik verfiel. So nahm ich ihn abends mit, als ich bei Freunden in der Hammerschmidtstraße am heutigen Ostwestfalendamm eingeladen war. Ich ging da nicht gerne hin, weil man sich in der Wohnung des Paares nicht frei bewegen konnte. Grund war ihr Collie Fred. Der hatte nicht nur was gegen mich, sondern grundsätzlich ein Problem mit allen Besuchern und biss sie schon mal in die Hand. Weshalb man beim Betreten der Wohnung – und auch wenn man mal aufstand – tunlichst die Hände in die Hosentaschen zu stecken hatte. Dann war gut. Nur im Sitzen war man sicher. Dabei konnte man bedenkenlos seine Hände bewegen oder sein Glas vom Tisch zum Mund führen. Selbst wenn der Collie einen dabei ständig im Blick behielt.

Mich hatte er an diesem Abend besonders im Auge. Er war brennend daran interessiert, was da in meiner Tasche piepte und stupste mit der Nase daran. „Nu hol' Donald schon raus, Fred tut ihm nix!“ Dieser Schritt kam für mich allerdings erst nach weiteren Beteuerungen der absoluten Ungefährlichkeit der Situation und der ein oder anderen Flasche unseres Standardweins, des Hambacher Schloßberg, infrage. Fred lag vor uns auf dem Boden und war hingerissen von dem Entlein, als ich es – gelockert von diversen Gläsern Weißwein – auspackte und zwischen seine ausgestreckten Vorderbeine auf den Teppichboden setzte. Vorsichtig näherte er sich mit der Nase, da pickte Donald danach. Fred zuckte zurück und schnupperte wieder. Die beiden waren ein Herz und eine Seele.

Als ich aufstand, um mich zu verabschieden, wollte ich meinen Donald wieder an mich nehmen. Doch da knurrte mich Fred drohend an. Wir einigten uns schnell darauf, dass Fred von nun an die Verantwortung für meinen Schützling übernehmen würde. Nicht nur für mich und mein Kopfkissen war das die perfekte Lösung. Denn meine Freunde waren mitten im Umzug von der Stadt auf einen alten Kotten auf dem Land. Hier lebte Donald glücklich und zufrieden mit seinem Freund Fred. Doch ein Jahr später hatte Fred wohl nicht gut genug aufgepasst. Mein Donald endete in den Fängen eines Habichts. Aus Sicht eines Biologen immerhin ein tröstliches Ende im Kreislauf der Natur.

Damals hielt ich den Besitzanspruch und die unglaubliche Fürsorglichkeit des Collies für eine ganz persönliche Marotte von Fred. Wie sehr das Hüten dieser Rasse im Blut liegt, erfuhr ich ein halbes Leben später auf eindrucksvolle Weise bei einem Freund, dessen Collie für seinen Einsatz bei der Betreuung von verwaisten Findeltieren eigentlich einen Tierschutzpreis verdient hätte.

Collie Ziva bemuttert Findeltiere. Ganz gleich ob Entenküken, ...

... Katerchen Leopold ...

... oder Frischling Wilma.

Rund um den Hund:
Ein Collie zeigt Herz

Viele Hunde helfen und retten Menschen – aber wenn ein Hund den Preis für Tierschutz verdient, dann Ziva. Sie springt ein, wenn kleine Waisen eine Mutter brauchen.

Hunde können unsere Gedanken lesen. Bei manchen geht diese Fähigkeit so weit, dass sie den Wunsch ihres Menschen umsetzen, bevor der ihn überhaupt ausgesprochen hat. Ein fast schon telepathisches Feingefühl, das sich im Laufe des Zusammenlebens bei vielen Hunden entwickelt hat. „Bei Ziva ist diese soziale Ader besonders ausgeprägt", sagt ihr stolzes Herrchen. Vor zwei Jahren kam die Collie-Hündin als Welpe zu Angelika und Werner Schmäing. Und weil sie so clever und hübsch war wie Ziva, die Agentin aus Schmäings Lieblingsserie „Navy CIS", bekam sie deren Namen.

Im hessischen Dillenburg sind die Schmäings seit Jahren als aktive Tierfreunde bekannt. „Den Sommer über sind wir ein privates Auffanglager für hilflose Findeltiere aus den Wäldern der Umgebung und vom Straßenrand. Wenn irgendjemand einen mutterlosen Fuchs, ein verwaistes Kitz, einen aus dem Nest gefallenen Jungvogel findet, dann sind wir die erste Anlaufstelle", sagt Werner Schmäing. „Manchmal wird das ein bisschen viel für uns. Dann sind wir froh, dass Ziva uns versteht und unterstützt."

Einen Sommer lang lebten in Schmäings Garten drei Rehkitze. Ziva passte auf, dass sie nicht gestört wurden. Den Kontakt beschränkten die Tierfreunde aber auf ein Minimum, damit die Rehe nicht zu vertraut mit Hunden wurden. Schließlich sollten sie künftig ihr Leben in der Freiheit des Waldes meistern, da durften sie ihre natürliche Scheu nicht verlieren.

Bei Frischling Wilma lag der Fall anders. Der verwaiste Frischling brauchte (Nest-)Wärme. Das Wildschweinchen war im Frühjahr im Wald gefunden worden. Ausgezehrt und unterkühlt, dem Tod

näher als dem Leben. „Unser Tierarzt riet, die Kleine einzuschläfern“, sagt Angelika. Aber als das Schweinchen in Handtücher gewickelt ins Haus kam, drängte sich Ziva sofort dazu. „Ich dachte, sie wäre eifersüchtig“, erzählt Angelika, „aber sie stupste mit der Nase an den weichen Bauch des Schweinchens und schleckte es ab.“ Ganz so, wie eine Hundemutter ihre Welpen versorgt. Ziva wärmte das Ferkelmädchen, wich nicht von seiner Seite, rettete ihm vermutlich das kleine Leben.
Weil aber ein zahmes Wildschwein, das Menschen und Hunde für seine Freunde und Familie hält, im Wald keine Überlebenschance hat, brachten die Schmäings ihren Schützling später in einen Wildpark. Dort darf Wilma nun unter Artgenossen leben.
Liebe auf den ersten Schleck war es auch zwischen Ziva und Fuchswelpe DiNozzo. Der Babyfuchs hatte seine Mutter im Straßenverkehr verloren, Zivas erster Wurf war zu dem Zeitpunkt schon einige Wochen aus dem Haus. Doch ihre Zuneigung zu dem Füchslein war so groß, dass ihr nach ein paar Tagen die Milch einschoss. Schmäings brauchten kein Fläschchen mehr. Die Collie-Hündin versorgte ihr Adoptivkind mit Muttermilch.

Die **80**er Jahre – Hunde am Arbeitsplatz

Erfolgreiche Westies und gestresste Bobtails

Stupsnase, hohe Stirn, Pausbacken, große Augen, kurze Arme und Beinchen, ein im Verhältnis zum Körper großer, runder Kopf. So beschrieb der Verhaltensforscher Konrad Lorenz das Kindchenschema. Eine Kombination von Merkmalen, die bei Menschen und anderen Säugetieren den Instinkt zur Brutpflege und zum Beschützen auslöst.

Der West Highland White Terrier – kurz „Westie" – ist das perfekte Kindchenschema auf vier Beinen. Ein Hund im handlichen Babyformat, von unwiderstehlichem Reiz. Die Hersteller der Hundenahrung Cesar hatten das klug erkannt und den Westie für ihre Werbung eingesetzt. Fröhliche Westies auf der Packung, in den Anzeigen und der TV-Werbung sorgten für einen Boom der Rasse bei Hundefreunden und sie bescherten dem Hersteller so gute Umsätze, dass der Westie auch vier Jahrzehnte danach immer noch als Markenbotschafter im Einsatz ist.

In der Redaktion „Ein Herz für Tiere" spürten wir bald das Interesse der Leser an dieser sympathischen Rasse. In Briefen fragten sie nach mehr, einige wollten Empfehlungen für gute Züchter. Als Titelbild war der Westie ein Blickfang und Sympathieträger, der die Verkäufe ankurbelte, wenn mit dem Bild ein interessanter Artikel mit neuen Einblicken versprochen wurde.

Als ich 1983 meinen Job in der Redaktion in München antrat, teilte ich mein Büro mit einem älteren Kollegen, der nach einem abenteuerlichen Reporterleben für BILD und andere Blätter wenige Wochen vor mir bei dem neu gegründeten Tiermagazin aus dem Gong Verlag engagiert worden war. Dank der neuen Sesshaftigkeit in der Redaktion eines Monatsmagazins hatte Achim geheiratet, ein Haus mit Garten außerhalb der Stadt bezogen und sich endlich auch seinen Traum vom Hund erfüllt. Wobei sich bald herausstellte, dass sein Liebling draußen auf dem Land völlig in Ordnung war, fürs Büro in der Stadt aber die totale Fehlbesetzung.

„Manche Menschen wählen sich ihren Hund nach dem Aussehen aus und nach dem Image, das er mit sich bringt oder weil er aus irgendwelchen Gründen gerade in Mode ist", sagt Beate Simon, „das ist ein Fehler." Bobtails, die alten englischen Hütehunde, waren damals in Mode. Was Züchter wegen der starken Nachfrage dazu animierte, die begehrten Welpen auf Teufel komm raus zu produzieren. Mit der Folge, dass rassetypische Schwächen im Wesen und der Gesundheit zunahmen. Ängste bis hin zu Panikattacken können Mensch und Tier das Leben schwer machen. Warum es mitten in Schwabing auf der Etage eines Pressehauses mit zig Redaktionen ausgerechnet ein Bobtail sein musste, verstand keiner. Zumal eine Etage tiefer im Archiv schon länger ein Bobtail als totales Nervenbündel und mahnendes Beispiel unterwegs war. Die altenglischen Hütehunde brauchen viel Auslauf und Bewegung. Im Tunnel unter unseren beiden gegenüberliegenden Schreibtischen gab es beides nicht. Dafür sprang der Bobtail Bobby jedes Mal auf, wenn ein Kollege oder Bote zu uns reinkam und er bellte viel und laut.

Sympathischer Allrounder mit vielen Fans – der Westie

Als einmal die Feuerwehr mit eingeschalteten Sirenen vorbeifuhr, packte Bobby die Panik und er stürzte aus dem Büro durch die Flure, die Treppe herunter auf die Straße. Erst am nächsten Tag konnte Achim den Hund wieder aus dem Münchner Tierheim abholen, wo er dank beherzter Tierfreunde gelandet war. Nach einigen Monaten hatte sich das Experiment „Großer Hütehund im Büro" erledigt, als der Kollege aufs Land zog, wo er sich mit seinem eigenen Büro selbstständig machte. Die Türen konnten nun wieder offenstehen und einem regen Informationsaustausch unter den Kollegen stand nichts weiter im Wege.

Es bringt die Arbeit in einer Redaktion, die den Namen „Ein Herz für Tiere" trägt, mit sich, dass die Kollegen sich nicht nur im Magazin, sondern auch privat für Tiere einsetzen. Man rief uns zu Hilfe, wenn Enten auf dem Balkon in der Stadt brüteten, brachte uns einen Flusskrebs, der in Schwabing vom Wagen eines Lieferanten für ein Feinkostgeschäft gefallen war und nun auf dem Asphalt und auf dem trockenen saß. Einen Affen namens Beet-

Braucht Platz, Natur und eine Aufgabe – der Bobtail

hoven, der an eine Drehorgel gekettet mit einem Becher Geld für einen Straßenmusikanten einsammelte, kauften wir frei und vermittelten ihn an einen befreundeten Zoo. Eine treue Leserin, die ins Altersheim ziehen musste, wo keine Tiere erlaubt waren, brachte uns ihre Schildkröte Zorro, die wie ein braver Hund auf ihren Namen hörte.

Und so kam Kollegin Jutta auch zu ihrem Hund, der über ein Tierheim wohl kaum vermittelt worden wäre. Ein sicher schon älterer Chihuahua, dem diverse Zähne fehlten. Darunter die beiden oberen und ein unterer Eckzahn. Was zur Folge hatte, dass die Zunge ständig nach links unten heraushing. Über den Mangel an Eckzähnen war ich ganz froh. Denn Sissy hatte mich auf dem Kieker. Trat ich an den Schreibtisch ihres Frauchens, kam sie darunter hervorgeschossen und biss mich in den Knöchel. Es tat nie weh, es floss kein Blut – aber es war doch jedes Mal ein Schreck.
Ich bin ja der Ansicht, dass Hunde als äußerst sensible Wesen Animositäten ihrer Halter wittern und in ihrem Sinne handeln. Was hier durchaus der Fall sein konnte. Aber eines Tages hatte Sissy mit einer Attacke auf mich einen wunderbaren großen Auftritt. In der Weihnachtsausgabe des Magazins stellten wir immer neue Produkte vor, die sich als Geschenke für Tierfreunde eigneten. Zu den witzigen Neuheiten gehörte ein kleines rotes Rentiergeweih aus Plüsch, das man seinem Hund aufsetzen und ihn so ins Rentier des Weihnachtsmanns verwandeln konnte.
Für das Heft brauchten wir einen Hund als Fotomodel, der das Geweih tragen sollte. Die Wahl fiel auf Sissy. Sie sah so komisch aus, dass die ganze Redaktion zusammenlief. Zehn bis 15 ausgewachsene Menschen standen im Kreis um den kleinen Chihuahua mit dem Rentiergeweih herum. Sissy war vielleicht nicht ganz so glücklich mit ihrem Kopfputz und ganz sicher hasste sie es, so sehr im Mittelpunkt zu stehen und ausgelacht zu werden. Was sollte sie also tun? Sissy fing an zu bellen und ging auf mich los und biss mit ihrem zahnlosen Mund in meinen Knöchel. „She

wants to gum you to death", interpretierte unsere englische Kollegin Brenda, die gerade auf Besuch war, den Überfall.

Nicht allen Hunden ist es so wurscht, wenn sie veralbert werden. Manche hassen Kostümierung.

Ein angenehmer Hundekollege, den ich nach zwölf Jahren Seite an Seite wärmstens für jedes Großraumbüro empfehlen könnte, war Whippet Willy. Mit federnden Schritten kam der zierliche Windhund morgens neben Frauchen Uschi ins Büro getrabt, schaute zur Begrüßung kurz rüber, bekam seinen Kauriegel, warf sich auf seinen erhöhten Liegeplatz, rollte sich ein und war nicht mehr zu bemerken. Kein Bellen, kein nix. Es konnte reinkommen, wer wollte, Willy hob nur kurz den Kopf und sah nach.
Ihre Abenteuer hatte Willy schon vor Antritt der Arbeit erlebt – vielleicht träumte sie den ganzen Tag von den allmorgendlichen Sprints über die Wiesen an der Würm, bei denen sie hinter Bällen und Frisbeescheiben herjagte. Wenige Tage vergingen, in denen Willys äußerst kommunikatives Frauchen Uschi nicht von den neuesten Abenteuern erzählte. Zu den absoluten Höhepunkten

unter diesen Storys gehört der Tag, an dem die Kollegin später als gewohnt zur Arbeit erschien. Willy war beim Auslauf kurzfristig ihrer Sicht und Kontrolle entglitten. Im Auto wurde ihr dann schlecht und sie würgte zu Frauchens großer Überraschung ein komplettes Jungkaninchen auf die Polster der Limousine. Diese wollten natürlich ein bisschen frischgemacht werden, bevor es an die Tagesroutine ging.

Ein schönes Thema in der Redaktionskonferenz, das es allerdings nicht bis ins Heft geschafft hat. Wir lernen daraus, dass Whippets schneller flitzen können als Kaninchen und dass man seinen Windhund gut im Auge behalten sollte. Ein guter Rat noch an alle, die ihr Büro mit einem Hund teilen: Bitten Sie die Kollegen, das Tier nicht mit Trockenfisch zu füttern. Schon kleinste Fischlein vom Format eines Guppy, spendiert von der lieben Kollegin Saskia, entfachten bei Willy eine Serie von übelsten Darmwinden, die den ganzen Tag über nicht abflauen wollten. Selbstverständlich gab es nach solchen Ereignissen in der folgenden Ausgabe in der Rubrik „10 Fragen an den Experten" das wichtige Thema: „Was tun gegen Hundepupse?" So hielten wir uns recht nah am wahren Leben. Und wurden überraschend ernst genommen.

In einer kleinen Notiz auf der Nachrichtenseite meldeten wir, dass in Berlin eine Metzgerei mit frischem Fleisch für Hunde eröffnet wurde. Eine schöne Abwechslung vom Fertig- und Dosenfutter notierte Kollegin Monika dazu und löste damit Proteststürme unserer Anzeigenkunden aus. Die Branche ist da äußerst sensibel.

Sensibel war auch ein Züchter der schneeweißen American-Canadian White Shepards. Der war von Ostfriesland bis nach München mit dem Auto angereist, um sich persönlich bei dem Verfasser eines Artikels über seine Rasse zu beschweren. Wir hatten dargelegt, dass es sich bei den American-Canadian White Shepards keinesfalls um Nachkommen aus Paarungen von wildem Wolf und Schäferhund handelt, sondern um Schäferhunde, deren Ahnenreihe sich glasklar bis zu den Ursprüngen des Deutschen Schäferhunds zurückführen lässt. Die Story vom Erbe wilder Wölfe aus Kanada, das in seinen Welpen weiterleben sollte, war für den Züchter aber ein wichtiges Argument. Obwohl seine Hunde doppelt so teuer waren, wie andere – auch weiße – Schäferhunde, gab's bei ihm eine lange Warteliste für Interessenten seiner Welpen. Nach dem Artikel in unserer Zeitschrift wurde die allerdings erheblich kürzer.

Royal: Der Hundetherapeut Ihrer Majestät

Im Schwabinger Pressehaus erschienen neben der Programmzeitschrift „Gong“ und unserem Tiermagazin auch einige wöchentliche Frauenzeitschriften mit hohen Auflagen. Ganz besonders interessierte sich die Leserschaft der „aktuellen“ und ihrer Schwesterblätter für Vorgänge in Königshäusern. Besonders aber für den englischen Hof. Das Interesse daran ist seitdem nicht gesunken, die Queen ist immer noch die gleiche, der ich 1965 auf ihrer Rheinfahrt gewunken habe. Geändert haben sich in den Jahren lediglich ein paar Figuren des Hofes. Was damals der Prince of Wales und Lady Di waren, sind heute Prince Harry und seine Meghan. Hochzeiten, Babys, Seitensprünge und andere Skandale waren Futter für die Leser.

Spezialist für Königshäuser im Pressehaus war Kollege Norbert Loh. Er kannte alle mit Namen, Herkunft, Stammbaum und vielen Einzelheiten. Zwar gab es das Ressort offiziell nicht in der Redaktion, doch hatte ein Kollege in der Grafik ein Türschild mit Krönchen und der Aufschrift: „Ressort Royal“ fertigen lassen und an Norberts Tür angebracht. Für uns von den Tieren war er der „Königliche Zuchtbuchführer“. Norbert machte uns auf einen Hundeexperten aufmerksam, der bald schon zum guten Freund wurde. Durch ihn lernten wir einen gewissen Dr. Roger Mugford kennen, der immer von Queen Elizabeth II. in den Buckingham Palast gerufen wurde, wenn ihre geliebten Corgis mal wieder Probleme bereiteten. Diesen Experten in unserem Tierheft vorzustellen, war natürlich interessant.

Zu unserer Überraschung ließ sich ein Termin auf seiner Farm rasch und völlig problemlos finden. Und Roger erwies sich als ebenso unkompliziert und unkonventionell. Er fragte nach meiner Schuhgröße, gab mir ein Paar Gummistiefel und wir stapften über die Weide, wo eine seiner Kühe gerade gekalbt hatte. Während meiner Zeit im Zoo hatte ich ein paar Jahre zur Untermiete auf einem alten Bauernhof im ostwestfälischen Rheine gewohnt und dort einschlägige Erfahrungen gewonnen. Wenn die

Bäuerin Martha nachts mit dem Ruf: „Herr Schmidt, die Kuh wird melk“ an meine Tür klopfte, dann ging's durch die Küche in den Stall und wir zogen das Kälbchen raus. Das wurde dann mit Stroh trocken gerubbelt und bekam die erste Milch, die per Hand frisch von der Mutter abgemolken wurde.

Dr. Roger Mugford mit einem prominenten Corgi

Rogers Mutterkuh hatte unglücklicherweise einen schlimmen Durchfall und bis wir sie von der Weide zum Abmelken in ein Gatter gesperrt und den hin und her schlagenden Schwanz festgebunden hatten, war sie uns damit schon ein paarmal durchs Gesicht gewischt. So etwas verbindet.

Wenn die Queen auch sehr bodenständig sein soll, Pferde und ihre Hunde liebt, so geht es im Palast doch ein wenig vornehmer zu. Jedenfalls unter den Menschen. Die berühmten Corgis der Queen (ihr letzter musste im April 2018 im Alter von 15 Jahren eingeschläfert werden; heute besitzt sie noch zwei Dorgis – eine Mischung aus Dackel und Corgi) fügten sich allerdings nicht so leicht ins höfische Zeremoniell ein. Von Kindesbeinen an hatte Elizabeth Corgis gehalten und geliebt. Ursprünglich war diese alte Hütehunde-Rasse in Wales gehalten und gezüchtet worden, um Herden großer und kleiner Huftiere zusammenzuhalten und zu treiben. Was bei Schafen einfach ist, erfordert bei Kühen und Pferden Mut und Schnelligkeit.
Der Corgi ist ein sogenannter Heeler, ein Wadenbeißer, der die ihm anvertrauten Tiere auf Trab bringt, indem er sie in

die Fersen zwickt. Dann muss er sich schleunigst ducken, um dem unweigerlich folgenden Huftritt zu entgehen. Das Wadenbeißen liegt dieser Rasse im Blut – was tun, wenn kein Rind und kein Schaf weit und breit zu sehen ist? Die Corgis fanden ihre Herde in den Dienstboten, an denen im Buckingham Palast nun wirklich kein Mangel herrscht. Neben ihrem Naturell, das keine Furcht kennt, entwickelten sie ein überaus gesundes Selbstbewusstsein aufgrund ihrer guten Beziehungen zum absoluten „Alphatier" des Hohen Hauses.
Jeden Nachmittag zur Teatime serviert die Queen ihren Hunden das Essen persönlich. Danach dürfen sie in den Palastgärten toben und spielen wie ganz normale bürgerliche Hunde. Mit dem Unterschied, dass livrierte Domestiken mit weißen Handschuhen ihre Hinterlassenschaften entfernen und ein Team königlicher Gärtner die Osterglocken und Tulpen wieder einpflanzt, die sie auf der Suche nach Mäusen und Maulwürfen ausbuddeln Roger: „Stell dir vor, wie das auf so eine kleine Hundepersönlichkeit wirken muss." Vermutlich sahen sich die Corgis mindestens als Nummer 2 in der Palasthierarchie, wenn nicht gar als legitime Thronfolger an. Immer wieder machten sie sich einen Spaß daraus, ahnungslose Dienstboten in die Hacken zu zwicken. Sie wussten ganz genau, dass die Angestellten sich niemals mit einem Tritt oder Schlag wehren würden und nutzten das weidlich aus. So blieb es denn bei Standpauken und zwei Wochen intensiver therapeutischen Sitzungen mit Dr. Mugford auf seiner Farm.

Der Widerspenstigen Zähmung

Rogers Ruxbury Farm in der englischen Grafschaft Surrey, zehn Kilometer vom Flughafen Heathrow entfernt, ist wohl eine einzigartige Besserungsanstalt für Hunde. In einer großen Scheune finden zu festen Zeiten Welpenspielgruppen statt. Hier lernen junge Hunde, friedlich miteinander umzugehen. Ein Dutzend Kühe auf der Weide, die an der M25, der Ringautobahn um London, liegt,

stehen auch im Dienst der Hundeerziehung. Ebenso wie ein paar Reitpferde auf der Koppel, eine Herde von 20 Schafen und eine ganze Schar schnatternder Gänse. Diese typischen Landtiere sollen Londons Stadthunde hier unter Aufsicht kennenlernen. Wenn sie auf einem Ausflug zum ersten Mal einer Kuh oder einem Pferd begegnen, kann es sonst nämlich passieren, dass sie das Tier verbellen, angreifen oder hetzen. Auf Rogers Farm kann man die Reaktion eines Hundes auf diese Tiere in sicherer Umgebung testen und wenn es sein muss, auch verändern.
Doch das ist nur die eine, offizielle Seite der Farm. Tatsächlich ist Roger ein Landkind. Der Traktor seines Großvaters steht liebevoll restauriert und einsatzbereit hinter dem Haupthaus. Hier sind die Geschäftsräume von Rogers Firma „The Company of Animals". Sie vertreibt weltweit Produkte, wie das von ihm erfundene „Halti"-Hundegeschirr bis zu Kauknochen, die Karies vorbeugen, und Futternäpfen, die verhindern, dass der Liebling seine Nahrung nach Wolfsart verschlingt und damit das Risiko einer Magenverdrehung eingeht.

Corgi auf der Therapeuten-Couch

Unartige Hunde sind ungefähr das Letzte, was man erwartet, wenn man Rogers Farmbetrieb besucht. Ich war für eine Reportage über die ungewöhnlichen Methoden des königlichen Hundeberaters vor Ort:
Es riecht nach Hund. Und das nicht zu knapp. Dexter, ein Struppi, der sich vor kurzem noch herrenlos auf Kreta herumtrieb, wo eine der Mitarbeiterinnen ihn auflas, hat sich immer noch nicht an regelmäßige Mahlzeiten gewöhnt.

Er schlingt zu schnell und viel zu viel auf einmal und hat sich übergeben. Mitten im Großraumbüro der Company of Animals, das Dexter mit fünf weiteren Hunden und ihren Herrchen und Frauchen sowie einer Katze teilt. Keine Klienten, sondern die Tiere von Mitarbeitern. Der Geruch wabert trotz offener Fenster noch in der Luft.
Wir gehen in Rogers Büro, das zugleich sein Behandlungszimmer ist. Ein Porträt seiner prominentesten Klientin, der englischen Königin, hängt an der Wand. Freundlich begrüßt mich Rogers löwengelber PC, ein Mischling aus dem legendären Londoner Tierheim Battersea. Es ist 10 Uhr, Zeit für die Post und die Hunde im Office haben wohl alle schon mit Spannung auf den Postboten gewartet. Mit einem Arm voller Briefe kommt Michael, der Briefträger der Royal Mail herein. Sicher gibt es bessere Adressen für ihn. PC übernimmt die Attacke persönlich, die anderen folgen. Kläffend – wie es sich gehört. Doch es ist nur Theaterdonner. Die Hunde haben ihren Spaß am gewohnten Ritual und Michael kennt es schon. Briefträger sind wohl weltweit die beliebtesten Opfer von Hunden. Darum wird Michael öfter engagiert, wenn besonders giftige Bellos, deren Halter ihre Post deswegen inzwischen selbst vom Amt abholen müssen, endlich lernen sollen, die uniformierten Boten zu dulden.
Ich darf der Therapie eines supernervösen, superaggressiven Dobermanns beiwohnen. Der trägt den knackigen Namen Zack und einen gewaltigen Maulkorb. Herrchen und Frauchen haben sich in ihrer Not an Roger gewandt. Nur der kann noch helfen. Der zweijährige Zack beißt alles, was sich bewegt, keiner kann ihn halten und Besuch haben seine reizenden Halter schon lange nicht mehr gehabt. Niemand wagt sich mehr zu ihrem Haus, das von Zack wütend verteidigt wird.
Im folgenden Training darf ich den Passanten mimen, den Zack künftig gefälligst in Ruhe zu lassen hat. Ich werde kurz instruiert, soll Zack nicht anschauen, nicht anfassen und ganz ruhig bleiben. Roger geht kurz raus, um sich eine ziemlich beißfeste Hose anzuziehen. Ich verstehe das, sitze aber da in meiner

leichten Jeans. Wirklich der Traum eines eingebetteten Tierreporters.
Roger beugt sich runter zu dem knurrenden Zack. „Good dog, good boy“, sagt er und schiebt Zack ein Leckerli in den Maulkorb. Dann hängt er eine Kartusche ans Halsband und eine lange Leine. Wir gehen zusammen nach draußen. Die Halter sollen nun dem vor Aufregung sabbernden Dobermann den Maulkorb abnehmen und ihm die ganze Leine Spielraum lassen. Gleich geht er auf die Kühe los – stoppt aber auf halbem Weg ganz unvermittelt und schüttelt den Kopf. Was war geschehen? Die Kartusche am Halsband enthält Druckluft. Per Fernbedienung kann Roger diese dosiert freisetzen. Die Düse der Kartusche ist so eingestellt, dass sie von hinten in den Hundebart pustet. Das tut nicht weh, ist aber so überraschend, dass Zack völlig vergisst, was er eigentlich vorhatte. Er dreht bei, läuft schwanzwedelnd zu seinen Leuten. Dann lernt er auch PC kennen. Eine Seele von Hund, der es nicht in den Sinn käme, sich mit einem anderen anzulegen – schon gar nicht mit einem Dobermann.
Nach zwei Stunden Therapie beim Hundeflüsterer, mit einem neuen Patenthalsband, vielen Leckerli und nicht einem lauten Wort ist Zack wie ausgewechselt. Er spielt mit PC und anderen Hunden, lässt sich an der langen Leine unbeirrt durch eine Gänseschar, eine Schafherde und zwischen Rindern hindurchführen, lässt sich streicheln und ist ein neuer Hund. Aus Angst, ihr Zack könnte andere Hunde verletzen, hatte das Paar ihn immer an der „kurzen Leine“ gehalten. Er lebte isoliert, hatte keine Freunde. Die Freiheit hat ihm gefehlt, das Spiel mit anderen. Roger empfiehlt dem Ehepaar, sich einen zweiten kleinen Hund zuzulegen. Zum Abschied sagt Zacks Frauchen: „Wir haben alles versucht. Therapien, Beruhigungsmittel – nicht einmal die Kastration vor einem Jahr hat unseren Zack ruhiger und friedlicher gemacht. Sie müssen schreiben, dass Roger ein Zauberer ist.“

Royal: Königshund auf Bewährung

Zwei Tage nach Queen Mum's Tod kam es am 1. April 2002 zu einem äußerst unglücklichen Zwischenfall, der wegen der Trauerfeierlichkeiten, die in dieser Zeit alle Medien beherrschten, von der Öffentlichkeit kaum bemerkt wurde: Bei schönstem Frühlingswetter war Prinzessin Anne mit ihrem Bullterrier Dotty im öffentlichen Teil des Windsor Parks unterwegs und freute sich, wie zahlreiche Ausflügler, an der Blütenpracht eines ganzen Ozeans von Narzissen, der die sanften Hügel an diesen Tagen bedeckte.
Plötzlich und aus heiterem Himmel stürmte Dotty auf zwei radelnde Kinder los, verfolgte sie, sprang erst den älteren und dann den jüngeren der beiden Jungen an, riss sie zu Boden und biss sie. Prinzessin Anne entschuldigte sich beim Vater und fuhr die Kinder auf der Stelle persönlich ins nächste Hospital, wo die Verletzungen versorgt wurden. Zum Glück waren die Verletzungen geringfügig und werden keine Narben hinterlassen. Doch alle Vorfälle mit Kampfhunden werden in England sehr ernst genommen. Und Dotty fällt als Bullterrier unter die strengen britischen Verordnungen über Kampfhunde. So forderte Staatsanwalt Anthony Smith vor Gericht, auf Klage der Eltern, das Tier einzuschläfern.

Donnerstag ist für Dr. Roger Mugford Gerichtstag. Aus ganz England kommen Anfragen an den Sachverständigen von Richtern, Staatsanwälten, Rechtsanwälten zu den Verhandlungen, in denen es für Hunde oft um Leben und Tod geht. Wie in vielen solcher Prozesse wurde Roger als Gutachter hinzugezogen.
Er kennt Dotty schon seit ihren frühen Welpentagen und weiß, dass sie gut erzogen ist und sehr zuverlässig. Keinesfalls ist Dotty aggressiv, vielmehr verspielt. Nach seiner Einschätzung war Dotty in diesen Tagen in einer Ausnahmesituation: Einerseits war ihr Frauchen durch den Verlust der Großmutter betroffen und trauerte wie die ganze Familie. Zum anderen hatte die

Prinzessin durch die vielen familiären Verpflichtungen in diesen Tagen weniger Zeit für den geliebten Hund. So war der Ausflug am 1. April ein Ventil. Der verspielte Hund rannte wie wild über den Rasen, als er von der Leine gelassen wurde. Dotty wollte die Radler nicht angreifen, sondern einfach nur jagen. Verständlicherweise bekamen es die Kinder mit der Angst zu tun, schrien und fuhren weg. Als der Vater zu Hilfe kam, war Dotty völlig verwirrt und reagierte fatal.
Roger konnte glaubhaft machen, dass es sich bei dem Vorfall um eine unglückliche Verkettung handelte und das Dotty eigentlich kein gefährliches Tier ist. Dafür sprach auch, dass keiner der Bisse so fest geführt wurde, dass er tief ins Fleisch eingedrungen war. Dottys Zähne hatten nur kleinere Hautverletzungen hinterlassen, wie sie auch beim Spiel vorkommen können.
Richterin Penelope Hewitt folgte Rogers Argumenten und fällte ein weises Urteil. Prinzessin Anne wurde zu einer Geldstrafe in Höhe von 500 Pfund verurteilt, was sie gewiss finanziell verkraften konnte. Dotty durfte auf Bewährung weiterleben. An öffentlichen Orten musste sie künftig an der Leine geführt werden und in einem Verhaltenstraining auf Rogers Ruxbury Farm sollte sie lernen, Radler, Jogger und spielende Kinder nicht zu beachten. Dotty machte gute Fortschritte und weil er ihr Frauchen als eine überaus zuverlässige Lady kennt, war Roger zuversichtlich.

PS: Es war übrigens seit 350 Jahren zum ersten Mal, dass mit Prinzessin Anne ein Mitglied des englischen Königshauses durch ein Gericht verurteilt wurde. Der letzte Delinquent war Prinz Charles I., der im Jahr 1649 wegen Hochverrates enthauptet wurde. Davor ereilte das Todesurteil ein anderes Mitglied der Royal Family: Maria Stuart. Sie hatte ihren Schoßhund in den Gewändern versteckt, als sie im Jahr 1587 aufs Schafott geführt wurde.

Die **90**er Jahre –
Die Wende

Der Schäferhund: „Der Porsche unter den Hunden"

Während meiner Bielefelder Zeit in den 70er Jahren hatte ein freilaufender Schäferhund für Aufregung und Schlagzeilen gesorgt. Er war mehrfach nachts unter dem Zaun in die Tiergehege hinter unserem Institut eingedrungen und hatte zwei Bennet-Kängurus gerissen, etwas später verloren wir einen Chinesischen Muntjak, der in panischer Flucht vor dem Hund gegen den Zaun lief und sich das Genick brach.

Zum Schutz der Tiere wurden die Institutsangehörigen in Schichten als Nachtwächter eingeteilt. Solange wir unsere Runden drehten, gab es keine weiteren Verluste. Nach einigen Wochen war der Zaun ringsum abgesichert und der Spuk vorbei. Aufgrund dieser Erfahrung und älteren Erlebnissen mit Nachbarshund Rex und anderen seiner Rasse, gehörten Schäferhunde nicht gerade zu meinen Favoriten. Doch das änderte sich, als ich in Bielefeld Alf, den Schäferhund einer Freundin, kennenlernte.

Ich hatte noch nie einen so klugen Hund wie ihn erlebt. Beim Stöckchen werfen oder mit dem Tennisball hatte ich unsere Dackel und Terrier immer täuschen können. Man tut, als ob man wirft, hält den Stock oder Ball aber fest. Normale Hunde sprinten dann los und merken erst nach einer ganzen Strecke, dass sie gefoppt wurden, halten an und warten auf den nächsten Wurf. Das konnte man leicht drei- bis viermal hintereinander machen, bis eine Lernkurve erkennbar war und der Hund erst lief, wenn das Ding tatsächlich in der Luft war.

Alf konnte ich auf unseren Spaziergängen in der Senne genau ein einziges Mal täuschen. Dann hatte er mich schon durchschaut und ließ sich nicht mehr hinters Licht führen. Er sprintete erst dann los, wenn ich auch wirklich warf. Er sah einem mit seinen bernsteingelben, wachen Augen direkt an und konnte offenbar Gedanken lesen. Wenn ich unauffällig nach einem passenden Stöckchen am Wegesrand Ausschau hielt, dann schnappte er es mir garantiert vor der Nase weg, sobald ich es aufheben wollte.

Ich konnte mich noch so unauffällig und belanglos geben – er kannte meine Absichten.
Als ich Jahre später den Vorsitzenden des Verbands für Deutsche Schäferhunde interviewte und ihm diese Beobachtung schilderte, wunderte dieser sich gar nicht. Für ihn war die Rasse sowieso, wie er es nannte, „der Porsche unter den Hunden".

Der einstige Schafhüter hat sich zum Tausendsassa entwickelt. Er dient Zoll, Polizei und Militär ....

.... rettet Menschen aus Lawinen und Katastrophen ...

... oder sucht nach Vermissten.

Im Sommer 1993 besuchte ich dann einen Schäfer in Mecklenburg-Vorpommern. Der war kurz vorher bundesweit in die Schlagzeilen geraten, weil Kolkraben einige seiner Lämmer getötet hatten. Es wurde gefordert, die Raben zum Abschuss freizugeben.

Ich konnte mir das so schwer vorstellen – Kolkraben waren bei uns im Westen sehr selten. Man kannte sie eigentlich nur von Wilhelm Buschs berühmten Hans Huckebein, dem Unglücksraben, und ich war begeistert, als ich den ersten in den Alpen sehen durfte. Im Münchner Zoo gab es auch einen. Was wenige wussten, was meinem Töchterlein Daisy aber eine Riesenfreude bereitete – der konnte klar und deutlich „Arschloch" krächzen. Aber das nur nebenbei zur Erklärung meiner Sympathie für den schwarzen Gesellen, der in früheren Zeiten als „Galgenvogel" verschrien war, weil er sich an gehenkten Delinquenten bediente.

Ich mochte es nicht glauben, dass auf dem Gebiet der vormaligen DDR diese Raritäten zu einer Plage werden konnten. Weil ich in Sachen Schäferei keinerlei Ahnung hatte, buchte ich einen Fachmann als Begleitung. Der war nicht nur gestandener Schäfermeister, sondern seit Jahrzehnten für die Ausbildung von Schäfern in der DDR zuständig. Ein Fachmann und Berater, wie man es sich für diesen Fall nicht besser wünschen konnte.

Wir trafen uns vor Ort auf der Schafweide. Und tatsächlich hockten auf Zaunpfählen in der Nähe Kolkraben, die bei unserer Ankunft laut krächzten. Dem Schäfermeister war das Problem vertraut. Er hatte auch auf der Stelle die Erklärung: Das Problem lag weder an den Raben noch an den Schafen – es war der Schäfer selbst, der die Schafböcke nicht konsequent von den weiblichen Schafen getrennt hatte. So fanden die Geburten über eine längere Periode statt und kein Mensch konnte ahnen, wann mal wieder ein Lämmchen kam. Normalerweise gibt der Schäfer den Hammeln nur wenige Tage für den Deckakt. Dann kennt er den Setztermin und kann die Tage aufpassen. Diese Herde mit über 1.000 Köpfen und hunderten von überraschenden Geburtsterminen war aber weder zu kontrollieren noch zu schützen.

Raben freuen sich auf Geburten von Säugetieren, weil sie sich dann auf die Nachgeburt stürzen. Darauf warteten die Galgenvögel also bei unserer Ankunft. Die Gefahr: Von der Nachgeburt bis zur Nabelschnur des Lämmchens ist es nicht weit. Geht keiner dazwischen und vertreibt sie, fressen sie weiter. Mit fatalen Folgen.

Mein Profi-Schäfermeister war in Begleitung eines Schäferhundes, der nicht von seiner Seite wich und auch nicht mit der Wimper zuckte, wenn uns einer der Bauernhunde oder der Schäferhund des lokalen Kollegen mit seiner Riesenherde ankläffte. „Wesensschwäche", beurteilte mein Schäfermeister die Kläffer kurz und knapp. Und erklärte mir den Unterschied zu seinem wesensstarken ostdeutschen Schäferhund.
Bis zum Mauerbau waren Ossi- und Wessi-Schäferhunde vereint. Mit einem gemeinsamen Vorfahren, dem legendären Gründervater Hector Linksrhein, später bekannt als Horand von Grafrath, der 1885 geboren wurde. Sein Halter, der Hauptmann Max von Stephanitz, hatte das Ziel, mit ihm eine leistungsfähige Rasse zu züchten. Sein schneidiges Motto, nach dem man durchaus strammstehen und die Hacken militärisch laut vernehmlich zusammenklappen darf: „Schäferhundzucht ist Gebrauchshundzucht, muss immer Gebrauchshundzucht bleiben, sonst ist sie keine Schäferhundzucht mehr." „Rührt Euch!", möchte man nach diesen entschlossenen Worten sagen. Sprachästhetisch betrachtet fällt da ein bisschen zu oft das Wort Zucht in einem einzigen Satz. Aber auf solche Äußerlichkeiten kam es dem Hauptmann nicht an.
Ein gutes halbes Jahrhundert waren sich die Erben seines Vermächtnisses über die Zielrichtung der Schäferhundzucht in deutschen Landen völlig einig. Das änderte sich gründlich mit dem Bau der Berliner Mauer 1961. Mit den gesellschaftlichen Systemen drifteten auch die Vorstellungen der verantwortlichen Schäferhundfreunde in Ost und West auseinander. Die Ästhetik des Hundes und die Möglichkeit seiner Vermarktung spielte im

Westen eine entscheidende Rolle. Das westliche Ideal achtete auf Äußerlichkeiten. Als idealtypisch galt ein nicht zu großer Kopf und ein nach hinten abfallender Rücken. Besonders das tiefer gelegte Heck begünstigte die bei der Rasse lange Zeit als typisch geltende Hüftgelenkdysplasie. Aber wer schön sein will, der muss bekanntlich leiden ...

Das Aussehen war im Osten eher piepe. Schäferhunde hatten die Grenzer an der Mauer zu begleiten und gut aufzupassen, dass niemand die Republik verließ. Ihre angestammte Rolle als Hütehund füllten die Gebrauchshunde im Staat der Arbeiter und Bauern nicht nur bei der Bewachung des „antifaschistischen Schutzwalls", sondern auch auf dem Land weiter aus. Aus rein praktischen Gründen dem alten Leitbild des Hauptmanns folgend blieb der Ossi also der Leistung verschrieben und damit der Urform am ähnlichsten. Modeströmungen, die in den mehr als 30 Jahren der Trennung den Wessi prägten und veränderten, gingen spurlos an ihm vorüber.

Mit dem Ergebnis, dass der als ein wenig stur geltende Ossi-Schäferhund heute weltweit als Gebrauchshund gefragt ist. Ausdrücklich fragen Interessenten aus Kanada, China, Saudi-Arabien, den USA und Indien nach dem Ossi. Ein Exportschlager, der sein geschmeidiges Schwestermodell aus dem Westen schon lange überholt hat.

Für ein Naturschutzprojekt in Sri Lanka, das ich als Chefredakteur einer Tierzeitschrift betreute, benötigte ich die Zustimmung des zuständigen Ministers, der mich auch empfing. Schon bald brachte er die Sprache auf Schäferhunde und ließ durchblicken, dass ich sein OK hätte, wenn ich ihm einen gut ausgebildeten Schäferhund aus dem ehemaligen Bruderland des blockfreien Inselstaates schicken könnte, den er als privaten Wachhund halten wollte.

Bolonka Zwetnas: Buntes aus Ostberlin

In den 90ern hatte Beates Hundesalon kaum noch Pudel zu scheren. Ihre ursprüngliche Butter- und Brot-Kundschaft war nicht mehr en vogue. Kurzhaarige Jagdhunde wie Weimeraner und Jack Russell Terrier waren populär. Aber aus dem Osten kam ein süßer kleiner Hund, der ein dankbarer Kunde für den Friseur wurde. Bolonka Zwetna – ein drei bis vier Kilo leichtes, knuffiges Wollknäuel aus der Sowjetunion, das in den 80er Jahren zum Liebling der DDR avanciert war.
Als hätte man nur auf diesen Hund gewartet, eroberte das „Bunte Schoßhündchen" – so die Übersetzung seines Namens – nach dem Fall der Mauer den Westen. Und stand auf einmal vor einer unglaublichen Auswahl an Futter. In der DDR hatten Herrchen und Frauchen sich darüber keinen Kopf machen müssen. Seit 1972 gab es als „vollwertige Hundenahrung" lediglich die Konserve „Goldy" aus dem Volkseigenen Betrieb Futtermischwerk Wünschendorf. 1981 war noch ein Trockenfutter namens „Bello" dazugekommen.

Nach 1990 rübergemacht. Die bunten Hundchen aus dem Osten

Rund um den Hund:
Oh my Dog! – Schöne neue Hundewelt

„Die Leute sparen an allem – aber nicht an ihren Hunden und Kindern."

Guido, Inhaber der Hundeboutique Bell-Ville

Die letzte Ruhe für den geliebten Hundegefährten ist in die Hände von Profis übergegangen und quasi amtlich geworden. Der Gelegenheits-Bestatter mit Spaten hat ausgedient. Sofern er das Tier nicht auf eigenem Grundstück und außerhalb eines Wasserschutzgebiets beerdigt. „Wilde Bestattungen" im Wald oder Park können mit empfindlichen Geldbußen geahndet werden. Bitte verraten Sie mich nicht – denn mein Vorgehen von damals könnte pro Hund bis zu 50.000 Euro kosten.

Hinterbliebene haben heute die Wahl, für welche legale Form des Abschieds sie sich entscheiden. Und wie viel Geld sie dafür ausgeben möchten. Ein bisschen pietätlos ist nur, dass der Verstorbene vom Bestattungsunternehmen nach Gewicht taxiert wird. Was irgendwie genauso profan klingt, wie eine Mehrwertsteuer, die in den Preisen des Tierkrematoriums enthalten ist. Wo, bitte schön, soll denn da der Mehrwert sein?

Das Tierkrematorium München stellt für die Einäscherung eines verblichenen Vierbeiners von 20 bis 35 Kilogramm Gewicht 295 Euro in Rechnung. Die Urne gibt es ab 15 Euro, ein Zertifikat für 5 Euro. Ein reservierter Termin für die Einäscherung inklusive der Verabschiedung im „Raum der Stille" mit Orgelmusik macht 25 Euro extra, eine DVD mit der gesamten Verabschiedung gibt es für weitere 25 Euro. Sie können allerdings auch die Einäscherung ihres Lieblings via Webcam gratis von zu Hause aus verfolgen.

Grabpflege je nach Aufwand, wobei das exklusive Einzelgrab selbstverständlich teurer ist als ein Sammelgrab. Ja, es gibt auch schon virtuelle Tierfriedhöfe mit einer Kapelle zur Aussegnung,

Grabsteinen auf denen die Lebensdaten des Lieblings wie vom Steinmetz eingraviert sind, mit ewigem Licht und Blumenschmuck.

Auch zu Bellos Lebzeiten soll natürlich kein Wunsch offen bleiben. Ist es nicht schön, wenn man beim Shopping endlich zwischen 18.000 verschiedenen Halsbändern und Leinen wählen kann, aus 3.000 Pullovern, Hoodies und 5.000 verschiedenen T-Shirts? Und das jeweils passend zur Jahreszeit und den Übergängen. Kein Wunder, dass es gar nicht mehr so ungewöhnlich ist, wenn der Vierbeiner für seine Ausstattung inzwischen seinen eigenen Kleiderschrank hat, mancher gar sein eigenes Ankleidezimmer.
Damit nicht genug – man geht als stilbewusster Halter nicht in seinen Alltagsklamotten mit seinem Hund aus. Es gibt ganze Produktlinien mit Funktionsbekleidung für Hundemenschen. Schmutzabweisend, wasserfest – und aus feinem englischen Tweed im Country-Look des gepflegten Gutsherren.
„Oh my Dog!" – so heißt ein Parfum für Hunde. Es steht in der Pflegeserie neben Shampoos für glatte und gelockte Haare, für dunkle, helle und schneeweiße Rassen. Alles tierversuchsfrei, brennt nicht in den Augen und ist pH-neutral. Der kritische Kunde ist da überaus anspruchsvoll, zahlt lieber etwas mehr, als an der Qualität zu sparen.
Damit bei Reinigung der Wohnung keine unangenehm reizenden Gerüche die feine Tiernase stören, gibt's sogar extra sanfte Glasreiniger und Möbelpolitur für liebende Halter. Wer seinen Hund liebt, den stört es nicht, dass diese Spezialitäten ein Vielfaches der üblichen Mittel kosten. Vierbeiner sollten den Aufwand zu schätzen wissen, zumal die Reiniger tierversuchsfrei entwickelt wurden.

All diese wunderbaren Dinge kann man im Internet finden und sich nach Hause schicken lassen. Aber wenn man so richtig stöbern will, Sachen gern mal in die Hand nimmt und von

kompetenter Seite hören möchte, was etwas taugt, was angesagt ist und was wirklich tierfreundlich, geht man ins Bell-Ville. Der Laden ist so groß wie ein Supermarkt und das bunte Angebot stapelt sich bis zur Decke.
Wenn jemand sich auskennt und sein Wissen gern mit den Kunden teilt, dann Guido, Inhaber der trendigen Hundeboutique mit angeschlossenem Coiffeur-Salon. Die Chancen, einen Termin bei der Hunde-Coiffeurin, die ihr Handwerk in Hollywood erlernt hat, zu bekommen, stehen für den Normalo-Hundehalter allerdings nicht so gut. Promis haben hier Priorität. Wenn der König eines fernöstlichen Reiches seinen Königspudel frisieren lässt, steht der Salon nur ihm, seinen Leuten und Bodyguards offen. Auch russische Oligarchen und bayerische Filmstars legen Wert auf Diskretion. Während Bello schön gemacht wird, schauen sie sich um in der Boutique, die überbordet mit Chichi, Swarovski-Glitzer, Glamour, schöner und praktischer Ausstattung. Weil die Geschmäcker bekanntlich verschieden sind, ist die Auswahl groß.

Hundeklamotten – mal mehr, mal weniger nützlich – in überwältigender Auswahl

Trendfarben für Rüde und Hündin

Welches Halsband passt zu mir?

Das gesamte Outfit muss zum Stil von Herrchen oder Frauchen passen. Trachtenträger schätzen Loden für ihren Dackel, sportliche Typen lassen die Rückenlinie ihres Hundes vom Hals bis zur Schwanzwurzel messen, damit die Adidas-Trainingsjacke perfekt sitzt. Und damit sie auch beim Beinheben nicht einengt oder zwickt, sind Dehnungsbündchen eingefügt.

Wer als Büromensch in seiner Freizeit draußen beim Gassi gehen seinen wilden Rocker-Kern outen will, stattet seinen Liebling mit Klamotten der Harley-Davidson-Linie aus oder Halsbändern mit den Ed Hardy Totenköpfen und Tigern. Man muss aber nicht unbedingt ein echter St. Pauli-Fan sein, um mit der schwarzen Piratenflagge seinem Mops den Hauch des Verwegenen zu verleihen. Camouflage, das seit Jahren hippe Armee-inspirierte Muster aus Tarnfarben, zeigt unkonventionelles Modebewusstsein. Den seriösen Touch bekommt Bello im Hundepulli aus Kaschmir. Alles ökologisch mit gedeckten Naturfarben hergestellt versteht sich – die edlen Pullis sogar von einer Fraueninitiative in den Anden. Aus ethischer Sicht praktisch nicht mehr zu toppen.

Wer glaubt, dass Hunde von Natur aus eigentlich keine Kleidung brauchen, den belehrt Guido mit seiner Wärmebildkamera gern eines Besseren. Windhunde und die immer beliebter werdenden Streuner, die Tierschutzinitiativen aus dem Mittelmeerraum zu uns bringen, haben von Natur aus weder langes Haar noch thermoisolierende Unterwolle, wie sie die Rassen aus dem Norden vor winterlicher Kälte schützt. Die Wärmebilder zeigen mit großen blauen Flächen, wo die Temperatur der bibbernden Hunde tiefer fällt, als am unbedeckten Kältepol des menschlichen Körpers, der Nasenspitze.

Schwarze breite Halsbänder mit bis zu fünf Reihen blitzender Metalldornen zieren den Hals von kompakten Bullterriern, die in Begleitung von Menschen mit langen schwarzen Mänteln und lila Haaren ins Geschäft kommen. Kleinere Kundschaft steht eher auf kristallinen Swarovski-Besatz am zierlichen Halsband von Yorkie und Chihuahua. Klassiker für die ganz dicken Brocken, deren Herkunft auf den Großen St. Bernhard und das Berner Sennenland zurückgehen, sind breite Halsbänder aus Naturleder – am besten vom Wasserbüffel – aber grundsätzlich mit schweizerisch anmutenden Kuhmotiven aus poliertem Messing. „Wir müssen für die Ausstattung der Hunde mehr Größen vorhalten als jeder Laden für Kinder", klagt Guido. Eine neue Produktlinie verschlingt deshalb Produktionskosten von 50.000 bis 100.000 Euro. Bei solchen Beträgen runzelt der Kaufmann so sehr die Stirn, dass ich unwillkürlich an einen Chinesischen Faltenhund denken muss. Doch die Stirn glättet sich wieder, weil Mundwinkel und Wangen sich Richtung der Ohren bewegen und Haut von oben abziehen müssen. Denn mit Blick auf die Kassenlage gibt Guido auch zu bedenken: „Die Halbwertszeit der Hundeklamotten ist im Vergleich zu unseren ein Wimpernschlag und sorgt für Umsatz."
Menschen pflegen und schonen ihre teure Kleidung und nicht mal die ungezogensten Kinder kämen auf die Idee, ihren Pullover zu zerbeißen oder sich damit in einem Kuhfladen, Möwenkacke oder einem vor Wochen gestrandeten Fisch zu wälzen. Das aber gehört einfach zum Hundeleben. Wer wollte seinem Lieb-

ling diesen Spaß nehmen? Rangeln und toben die Schätzchen miteinander, verhaken sich die Eckzähne der lieben Carnivoren im teuren Tuch und sorgen für schäbige Löcher. Ein Verschleiß, der ständig neue Käufe verlangt.

Nur mit dem einen Laden allerdings könnte Guido seine Investitionen für die Fabrikation im großen Stil nicht riskieren. Aber er ist auch Großhändler. Ganze Ketten von Hundeboutiquen in 200 Städten Europas beliefert er in guten und in schlechten Zeiten. Er kann sich glücklich schätzen, denn: „Krisen gibt's in unserem Geschäft nicht. Die Leute sparen an allem – aber nicht an ihren Hunden und nicht an ihren Kindern."

In der Zeit, die Sie jetzt mit Lesen verbracht haben, sind bei Guidos Vertragshändlern mehr als 100 Jäckchen in den Größen von XXS bis XXL über die Ladentheken gegangen. Und bestimmt ebenso viele sind bei den zwölf Millionen Hunden in seinem Markt zwischen die Zähne geraten.

Rund um den Hund:
Helikopter-Herrchen

Eltern kümmern sich heute mehr um ihre Kinder, als es vor Jahrzehnten üblich war. Lehrer brauchen einen guten Teil ihres Tages, um sich mit den Eltern ihrer Schüler zu befassen. Ist das Kind einen Augenblick mal aus den Augen, dann wird es per Handy geortet. Die Fürsorge endet nicht mehr mit der Volljährigkeit der Sprösslinge. Kein Witz: Universitäten wurden bereits gefragt, ob man nicht einen Elternbeirat und Elternsprechstunden für die Studierenden einrichten könne ... Weil diese super fürsorglichen Menschen, die ihren Nachwuchs pausenlos umkreisen, alles andere als Einzelfälle sind, haben Soziologen und die Medien für diese markante Zeiterscheinung den anschaulichen Begriff der „Helikopter-Eltern" geprägt.

Wundert es da noch, dass es inzwischen auch Helikopter-Frauchen und -Herrchen gibt? Die kreisen so intensiv um ihr Hundekind, dass so manches sich zum Heulen einsam fühlt, wenn es nur ein paar Stunden ohne seine Menschen zubringen soll. Wenn das Basketballteam von Bayern München Heimspiel hat, habe ich jedes Mal das Vergnügen Dogsitter für Mira, die sanfte und freundliche schwarze Mischlingshündin eines befreundeten Paares zu sein. Ist sie bei mir, weicht sie mir nicht von der Seite, begleitet mich auf Schritt und Tritt, sobald ich aufstehe. Fährt unten ein Porsche vorbei, springt sie auf und läuft zur Tür, weil sie glaubt, dass sie gleich abgeholt wird. Klingelt das Telefon, zeigt sie die gleiche freudige Erwartung. Hört sie Herrchens Stimme am anderen Ende, wird die Aufregung grenzenlos.

Mira stammt aus dem Tierschutz, verbrachte ihre ersten Lebenswochen ohne Dach über dem Kopf und ohne Anschluss an Menschen auf der griechischen Insel Paros. Bis sie von Tierschützern geborgen und nach Deutschland in gute Hände vermittelt wurde. Mira hängt an ihren Menschen. Sobald sie nur einen Moment alleine ist, ruft sie laut bellend und heulend nach ihrer Familie. Fallen ihr in solchen Momenten vielleicht die schweren Zeiten der frühen Kindheit ein? Hat sie Angst, wieder alleine und ohne Dach über dem Kopf aufzuwachen, wenn sie die Stunden der Trennung verschläft?

Wie auch immer – weil der Ruf nach ihrer Meute bei den Nachbarn auf wenig Verständnis stößt, brauchen die beiden jetzt immer einen Sitter. Ist der mal nicht da, fällt das Spiel für die Besitzer aus. Weil beide berufstätig sind, verbringt Mira die Arbeitszeiten in der Huta. In der Schar von Hundefreunden dort vergisst Mira den Trennungsschmerz und lässt sich abends glücklich und ausgepowert abholen. Kein ganz billiges Vergnügen – 35 Euro kostet die Pension pro Tag. Aber das Paar erkauft sich damit die Freiheit, tagsüber arbeiten zu können. Auf ihre lieben Hobbys Skifahren und Golfen müssen sie weitgehend verzichten, weil die Hundetagesstätte am Wochenende geschlossen hat.

Doch nicht für jeden kommt ein Platz in der Huta infrage und das liegt nicht am Geld – mancher Halter ist so vernarrt in seinen Liebling, dass er nicht verstehen kann, wie man sein Tier überhaupt in fremde Hände abgeben kann. Und sei es nur für ein paar Stunden.

Göttin Shiva

„Sie hat es wieder tapfer überstanden", meldet Herrchen Norbert auf seiner Facebook-Seite. Dazu ein Bild von seiner blonden Malteserhündin Shiva mit funkelnden schwarzen Augen und einem perfekt gestutzten Bart. Norbert Lohs Freunde sind so permanent auf dem Laufenden. Über das Eintreffen Shivas in ihrer neuen Familie, ihre täglichen Freuden und Erlebnisse, ihre Geburtstage, zu denen wir alle fleißig gratulieren, wie auch zum Schnitt nach einem abermals gelungenen Friseurbesuch.
Auch wenn Norbert in München als Reporter im Gong Verlag für diverse Titel das Ressort „Royal" betreut und die Königshäuser der „Alten Welt" sein Thema und seine Leidenschaft sind, so soll sein Hund doch mit allen vier Beinen auf dem Boden stehen. „Wir wollten keinen Schickimicki-Salon für unsere Prinzessin", sagt sein Lebensgefährte Holger und streicht seiner Shiva über das gepflegte Köpfchen, während diese ihr geliebtes Herrchen mit großen kohlschwarzen Augen anschmachtet.
Als er zum ersten Mal Beates Salon besuchte, war er noch dabei, als dem blonden Malteser-Mädchen das Haar geschoren und der Bart adrett gestutzt wurde. „Ich hatte sie zu Hause mit meinem elektrischen Rasierer auf das Geräusch der Schermaschine vorbereitet und schon immer nach Regenwetter geföhnt, sodass sie das auch schon kannte. Wenn wir jetzt zum Friseur gehen, dann gebe ich sie einfach ab, sie ist dann ruhiger, als wenn ich die ganze Zeit danebenstehe."
Klingt so lässig – ist es aber nicht. Der Friseur wurde auf persönliche Empfehlung von anderen Hundehaltern gewählt, ehe man

Norbert, Shiva und Holger beim Familienausflug im Voralpenland, Sommer 2018

ihm den kleinen Liebling anvertraute. Weit entfernt sich Holger allerdings nicht von seinem Augenstern. Geschlagene eineinhalb Stunden wartet Herrchen draußen vor dem Salon im Auto. Für den Fall, dass er gebraucht wird, bleibt er in Seh- und Hörweite. Zusammen mit seinem Lebensgefährten Norbert hat Holger vor einem Jahr die junge Shiva aus dem Tierheim zu sich genommen. „Wir hatten ihr Bild in der Zeitung gesehen." Ein ganzer Kofferraum voller Junghunde aus Rumänien, verfilzt, abgemagert, voller Schmutz, war der Polizei bei einer Kontrolle in die Hände gefallen. Darunter drei Malteser-Geschwister, die gerade mal sieben Wochen alt waren. Viel zu jung, um von der Mutter getrennt zu werden. Aber bei dem schmutzigen Geschäft des internationalen Welpenhandels spielen solche Überlegungen keine Rolle. Hier zählt das schnelle Geld und da muss die Mutterhündin möglichst rasch wieder trächtig werden.

Nachdem die geliebte Katze verstorben war, gab es einen freien Platz im Heim und in den Herzen des Paares. Aber würde man sich wohlfühlen, wenn man durch den Hund so angebunden wäre?

Shiva ist immer dabei. Sind die Füße müde, wird sie getragen.

Die beiden reisten für ihr Leben gern nach Sri Lanka, hatten aus Begeisterung sogar schon Sanskrit in Schrift und Sprache erlernt und jahrzehntelange Freundschaften gepflegt. Beide sind Vegetarier – würden nun aber beim Metzger einkaufen und fleischhaltige Dosen mit Hundenahrung öffnen müssen. „Hunde sind nun mal Fleischfresser", konzediert Holger und ist nicht so missionarisch wie manche Zeitgenossen, die mit ihren Nahrungsgewohnheiten auch die Hundewelt beglücken möchten.
Durch Shiva hat sich das Leben des Paares radikal geändert. Gemeinsame Kino- oder Theaterbesuche sind vorbei. Als wollten die beiden an einem wiedergutmachen, was gewissenlose Hundehändler den Tieren antun. Holger: „Reisen ins geliebte Sri Lanka sind passé. Aber mit Shiva hat man ja nun die allerhöchste hinduistische Gottheit immer um sich. Wir reisen nur noch zusammen mit dem Auto." Shiva für die Ferien in noch so liebevolle Hände zur Betreuung abzugeben, kommt für beide nicht in Frage. Auch die immer beliebter werdenden Hundetagesstätten sind keine Option: „Wir haben uns entschieden und stehen jetzt dazu."

Der langjährige Empfangschef eines Nobel-Hotels ist eigens mit 63 Jahren in den vorzeitigen Ruhestand gegangen, um rund um die Uhr bei seiner Prinzessin zu sein. „Sie schläft nachts auf meiner Seite und küsst mich morgens wach“, freut sich Holger. Wenn Norbert zur Arbeit im Verlag aus dem Haus geht, dreht er die erste Runde des Tages mit Shiva und ärgert sich über die Rücksichtslosigkeit der Menschen in der Stadt. „Radfahrer radeln haarscharf an uns vorbei, Leute lassen ihre Riesenhunde auf uns losgehen. Das ist keine böse Absicht – aber Shiva hat dann solche Angst, dass sie sich hinter meinen Beinen versteckt.“

Einmal am Tag geht's raus in die Natur, ans Isarufer, wo man sie auch mal von der Leine lassen kann. Zu Zeiten, in denen nicht viele Leute mit großen Hunden unterwegs sind. Hier schnuppert die Prinzessin mit feuchter Nase interessiert in der Hundezeitung und wagt sich auch ein bisschen ins Wasser. Wie es sich für eine Prinzessin gehört: nur knöcheltief in der kalten Jahreszeit, bei sommerlicher Hitze auch bis zum Bauch. Holger ist überzeugt, dass sie auch gut und gern schwimmen würde – probiert hat sie es noch nicht. Was daran liegt, dass im Sommer an unseren Badegewässern Hunde verboten sind.

Einen Sommer ging's also ins hundefreundliche Holland, wo Vierbeiner immer einen Platz am Strand finden. Und den nächsten Urlaub verbrachten sie in Dänemark, wo Hunde nicht nur an vielen Stränden besonders gern gesehene Gäste sind. Die Liebe der Dänen zu Hunden geht gar so weit, dass man am Kopenhagener Flughafen eigens einen Grünstreifen für die geliebten Dackel von Königin Margarethe II. angelegt hat.

Baby Yorkie

„Püppi komm, Püppi komm!“, in die Küche lässt sich Yorkie Püppi nicht lange bitten und flitzt auch schon hin. Herrchen Achim hat ihn gerufen und sicher gibt's was Leckeres im Futternapf. Was für ein Irrtum – gerufen hat Hyazinthara Gorbi, der große Papagei von Achim und seiner Frau Margy. Gorbi ist nicht nur äußerst sprachbegabt, er kann auch Achims Stimme so perfekt imitieren, dass Püppi darauf reinfällt. Er kann auch Rasenmäher und Staubsauger. Gorbi hat sicher Humor, denn als Püppi in die Küche stürmt, stimmt er ein Gelächter an und dreht sich dabei auf der Anrichte fröhlich tanzend im Kreis herum. Püppi schaut ein wenig ratlos unter der roten Schleife hervor, mit der Frauchen die Tolle zu einem lustigen Pinsel hochgebunden hat, damit die Augen freibleiben.
Gorbi, benannt zu Ehren des russischen Präsidenten Michail Gorbatschow, ist Margys Baby. Tatsächlich hat die Papageienexpertin und erfolgreiche Züchterin von Hyazintharas ihn per Hand aufgezogen. Auch Püppi ist ihr Baby, wie sie freimütig bekennt und Margy hat auch kein Problem damit, zu rufen: „Püppi, komm zu Mama!“ Ist es draußen nass vom Regen, wird Püppi im Hundebuggy spazieren gefahren – einem Kinderwagen für Hunde. Dann bleibt Püppis seidiges Fell, das täglich hundertfach gebürstet werden will, schön sauber. Der übliche Grund, aus dem Hundehalter ihren Liebling mehrmals täglich ausführen, entfällt bei Püppi. Sie ist darauf trainiert, wann immer es sie drückt, das Kat-

zenklo im Bad zu benutzen. So kann sie aus dem Wagen heraus frische Luft schnuppern. Auch wenn Püppi hinkt, weil wieder mal die Kniescheibe bei einer unvorsichtigen Bewegung herausgesprungen ist, fährt sie im Kinderwagen.
Die locker sitzende Kniescheibe ist ein Schwachpunkt der Rasse, die damit ursprünglich mal kein Problem gehabt haben dürfte. Damals, als die robusten Terrier von Bauern und Arbeitern in Yorkshire um die Häuser liefen, um Ratten und Mäuse zu jagen, da brachten sie noch rund sieben Kilogramm auf die Waage. Dann wurden sie für die Salons entdeckt und kamen in Mode. Kleiner und süßer sollten sie sein. Praktisch zum Mitnehmen. Auf dem Weg zum heutigen Standard von zwei bis drei Kilogramm Gewicht blieb die kernige Gesundheit des „Rattlers" ein wenig auf der Strecke. Selbst bei Püppi, die von einer renommierten Zucht aus Deutschland stammt. In der Welpenstatistik hält sich der Yorkie in diesem Jahrtausend konstant unter den beliebtesten Hunderassen.

Links: Achim mit Püppi im Arm, dann Gorbi ganz in Blau und Margy mit den anderen Lieblingen des Hauses, Florida 1995

Die 00er Jahre – Der emanzipierte Hund

Mopskult und Dackelboom

„Möpse sind mit Hunden nicht zu vergleichen."
Vicco von Bülow, Loriot (1923–2011)

Am Mops scheiden sich die Geister. Die kleinen Hunde mit der Stupsnase tauchten schon vor 2.000 Jahren in China auf. Ihre Bestimmung war wohl von Anbeginn der Rasse, Menschen als Schoßhund Freude zu bereiten, ihre Freundschaft zu pflegen und sich beschmusen zu lassen. Mit seinem Aussehen und dem mopsfidelen Naturell wurde der Schoßhund bald Liebling europäischer Königshäuser. Und weil das Bürgertum, wie schon Karl Marx erkannte, den Lebensstil des Adels gerne nachahmt, eroberte er auch die Salons der besseren Gesellschaft.

Doch für Menschen, die „richtige" Hunde bevorzugten, war so ein Couch-Potato ein Graus. Der Zoologe Alfred Brehm (1829–1884) schrieb: „Die Welt wird nichts verlieren, wenn dieses abscheuliche Thier samt seiner Nachkommenschaft den Weg allen Fleisches geht." Damit stand der Autor des Standardwerks „Brehms Thierleben" nicht alleine da. In den 90er Jahren wurde die Mopskritik lauter. Tierschützer sahen den Mops als Ausbund von „Qualzucht". Nur weil die Stupsnase den Menschen gefällt, hieß es, müssen die Hunde leiden. Mancher Leser von „Ein Herz für Tiere" wünschte sich aufklärende Beiträge von der Redaktion. Es konnte doch nicht angehen, dass man systematisch Tiere mit einem schweren Handicap züchte. Auch Tierärzte, die bei einigen Patienten die Atemwege operativ öffnen mussten, unterstützten die Bewegung.

Gewissenhafte Züchter nahmen sich das zu Herzen. Sie sind heute auf dem besten Weg, mit der etwas gestreckten Mopsnase die Luftwege zu erweitern. Der sogenannte Retromops soll auf diesem Weg der Besserung schon recht weit fortgeschritten sein, ohne dadurch an Charme zu verlieren.

Ungeachtet der Kritik boomt die Rasse in diesem Jahrtausend. Möpse und immer mehr Retromöpse zählen zu den häufigsten

Vicco von Bülow mit Ehefrau Romi, Tochter Susanne und seinen legendären Möpsen, Ammerland 1975

Rassehunden. Sie sind Kult. Neben den angestammten Revieren in Parks und auf Promenaden wurden sie auch auf Rennbahnen für Windhunde gesichtet, wo sie regelmäßig zu Wettkämpfen antreten. Auch wenn sie nicht das gleiche Tempo auf die Bahn bringen wie die Windhunde, so ist daraus doch ein gesellschaftliches Ereignis geworden. Noch ist Doping in diesen Kreisen kein Thema – doch die ersten Sieger schafften die Strecke von 80 Metern in erstaunlichen 7,8 Sekunden. Beobachter wollen allerdings eine Anzahl erheblich schnellerer Sprinter gesehen haben. Deren Zeiten wurden leider nicht gestoppt, weil sie ihre Strecke abseits der Bahn absolvierten. Sie hatten den geplanten Weg vom Start zum Ziel auf ihre Bedürfnisse verlegt und wetzten schnell wie Windhunde vom Start schnurstracks zum Würstchenstand.

Man kann den Mops nicht würdigen ohne den bedeutendsten seiner Fans zu nennen. Loriot machte seine liebsten Hunde mit Sketchen über den „Wilden Waldmops" unsterblich. Wobei er durchaus die ambivalente Haltung der Menschen auf die Schippe nahm: „Der Mops genießt heute einen zweifelhaften Ruf als ringelschwänziges Schoßtier." Dann sah man Bilder seiner Möpse, die mit ihren winzigen aufgesetzten Geweihen durch den Wald liefen. Das Verhalten der angeblich so scheuen Waldmöpse kommentierte er wie ein Dokumentarfilmer, der sich aus der Deckung seines Tarnzelts im Flüsterton zu Wort meldet.
Loriot verrät auch das Erfolgsgeheimnis der Rasse: „Möpse sind mit Hunden nicht zu vergleichen. Sie vereinigen die Vorzüge von Kindern, Katzen, Fröschen und Mäusen. Möpse können im Alter wie Menschen figürlich etwas nachlassen, jedoch an Ausdruck gewinnen."

„Der Dackel gehört zu Bayern wie a guads Bier und die Weißwurscht."

Aus dem Museumsführer des Dackelmuseums Passau

Bernhardiner aus den Schweizer Bergen, West Highland Terrier aus dem schottischen Hochland, Streuner von griechischen Inseln, Französische Bulldoggen aus Frankreich ... Vielen Hundefreunden ist die Herkunft ihres Lieblings so wichtig wie anderen die Thüringer Bratwurst, die Mode aus Italien, der Film aus Hollywood. Die Herkunft bürgt für besondere Qualitäten und erklärt manche typischen Eigenschaften. Für Rottweiler, Schäferhund, Weimaraner oder Dackel ist Deutschland so eine vielversprechende, gute Adresse.
Beim Dackel kann man die noch präzisieren: In Bayern, genauer Niederbayern, liegt das Epizentrum des Krummbeins. Das 600 Seelen Dorf Gergweis im Landkreis Deggendorf war in den Zeiten des weltweiten Booms – nach Olympia-Maskottchen Waldi 1972 – mit seinen vielen Züchtern das Mekka der Dackelfans.

Die Gründer des Dackelmuseums Seppi und Oliver mit ihren heimlichen Chefs

Keine 40 Kilometer südöstlich davon kristallisiert sich am Zusammenfluss von Donau und Inn heute das neue weltweite Interesse am Dackel in der Passauer Altstadt. Gleich gegenüber der Neuen Bischöflichen Residenz unterhalb des Hohen Doms St. Stephan haben die Partner Seppi Küblbeck und Oliver Storz im Frühjahr 2018 ihr Dackelmuseum eröffnet. Die einzigartige Sammlung mit über 4.500 Exponaten auf nur 80 Quadratmetern ist ein Publikumsmagnet von unglaublicher Anziehungskraft.
Ein Mädchen hat sich aus der japanischen Reisegruppe gelöst und läuft auf die gegenüberliegende Seite der Pflasterstraße. Kaum haben auch die anderen die beiden Kurzhaardackel Moni und Seppi erblickt – schwupps kommt der Rest nach, macht Selfies mit den Dackeln am Eingang des Dackelmuseums.
Die Chefs dieses weltweit einzigen Dackelmuseums wundert es nicht. „Dackel sind auf der ganzen Welt in. Die Menschen sind

verrückt nach ihnen", weiß Oliver Storz. Wie sein Partner Seppi Küblbeck ist er Dackelfan von Kindesbeinen an. Seit 25 Jahren sind die beiden leidenschaftliche Sammler von Dackelfiguren, Dackelbildern, Büchern, Souvenirs und Krimskrams. Da ist so viel zusammengekommen, dass es für ein Museum reichte. Und als Dackelclubs und andere Fans von dem Projekt erfuhren, steuerten sie weitere Kostbarkeiten bei. Da gibt es alte Schallplatten von Peter Alexander: „Wenn ich mit meinem Dackel wackel", einen Spielzeugdackel der Firma Tupperware, die Kinderspielzeug produzierte, bevor sie mit den Küchendosen auf den Markt kam, ein Bild vom Grabstein des Dackels Erdmann vom letzten deutschen Kaiser Wilhelm II., abgeliebte Plüschtiere mit dem berühmten „Knopf im Ohr" von Margarete Steiff, mit denen wir wohl alle groß geworden sind ... Dazu allerlei Geschichten und Wissenswertes.

Selbstverständlich sind Hunde hier als Ehrengäste bei freiem Eintritt zugelassen. Einmal, so erzählt Seppi, kam ein ganzer Dackelclub mit 20 Dackeln aus dem Ruhrgebiet angereist. Darunter ein Enkel des TV-bekannten „Bodo" aus der Serie „Hausmeister Krause". Sie hinterließen begeisterte Kommentare im Gästebuch – und da durften Pfotenabdrücke vom Stempelkissen, das eigens dafür am Empfang steht, nicht fehlen. Für Dackel gibt es sogar eine kleine, mit Kunstrasen belegte Rampe, damit sie die vier Treppenstufen, die zum Museum führen, nicht steigen müssen. Wegen des überlangen Rückens und der kurzen Beinchen sollten Dackel nämlich mit Rücksicht auf ihr Kreuz möglichst wenig Treppen steigen.

Einen Rollstuhlfahrer hatten Seppi und Oliver wenige Wochen nach Eröffnung ihres Museums über die vier Stufen am Eingang gehoben, damit der die Ausstellung besuchen konnte. Er hatte sich angekündigt und gefragt, ob es mit Rollstuhl ginge. Es sei sein letzter Wunsch. Sein ganzes Leben lang hatte er Dackel gehalten, doch als vor einigen Jahren sein letzter gestorben war, wollte er sich keinen neuen mehr zulegen, der ihn sicher überleben würde. „Man sah ihm an, dass er nicht mehr viel Zeit hatte, als er zu uns kam", sagt Oliver. „Er freute sich wie ein Kind an den Figuren und Darstellungen und als er Seppi und Moni auf dem Schoß hatte, kamen ihm die Tränen. Er bedankte sich und sagte beim Abschied: Jetzt kann ich beruhigt sterben."

Eine andere Besucherin war eigens aus New York angereist. „Sie kam im vollen Dackeloutfit." Mit Dackelmotiven auf der Bluse, einer Halskette mit Golddackelchen, einem passenden Schal und anderen einschlägigen Accessoires von Kopf bis Fuß. „Sie hatte im April einen Bericht über das neu eröffnete Museum in der New York Times gelesen und direkt gebucht. Als sie dann uns mit unseren Hunden persönlich getroffen hat, war das für sie besser als eine Audienz beim Papst."

Neben dem ehrwürdigen Dom hat sich das Dackelmuseum innerhalb weniger Wochen zur zweiten Hauptattraktion der Stadt gemausert. Seit es seine Pforten öffnete, gehört der Besuch für die Reisenden der Kreuzfahrtschiffe, die am Donauufer anlegen, dazu. Weil der Raum klein ist, und nicht so viele Menschen fasst, stehen die Gäste am Eingang manchmal Schlange. „Beim Abschied", lacht Oliver, „sagte eine Dame zu ihrem Mann: Jetzt haben wir das Beste von Passau gesehen – wenn du willst, können wir uns jetzt auch den Dom angucken."

Ein Lädchen mitten in Passau wird zum Mekka der Dackelwelt. Aufnahme 2018

aufdaggeln

Die Krummbeine gehören inzwischen auf allen Kontinenten zu den beliebtesten Rassen. Vielleicht liegt das an dem witzigen Erscheinungsbild des in der englischsprachigen Welt wegen seines langen Körpers bezeichneten „Wiener Dog". Vielleicht aber auch an seinem ausgefallenen Charakter oder seinen prominenten Fans und Haltern, von John F. Kennedy, Liz Taylor, George Harrison, Romy Schneider, Brooke Shields, Kaiser Wilhelm II. bis hin zu Franz Josef Strauß, Pablo Picasso und Andy Warhol.

So still war es um den Dackel geworden, dass vor 20 Jahren besorgte Medien gar eine Totenstille befürchteten. „Stirbt der Dackel aus?", titelte eine große Zeitung. Angesichts der jährlich veröffentlichten Welpenzahlen sah das tatsächlich so aus. In dieser Tabelle des Verbands für das Deutsche Hundewesen hatten Golden Retriever, Jack Russell, Yorkshire Terrier und Mops den einstigen Liebling der Deutschen überholt. Hatten die Dackel eine Babypause eingelegt? Vorbei die glanzvollen Zeiten von Waldi, dem berühmten Maskottchen der Olympischen Spiele von München 1972, der damals einen weltweiten Dackelboom auslöste.

Doch im dritten Jahrtausend hat sich das Blatt zugunsten des Krummbeins gewendet. Wie hat sich der Dackel nach der langen Pause wieder zurück an die Spitzenplätze gekämpft? Oliver Storz' Erklärung: „In Zeiten von immer schnelllebigerer Digitalisierung und anonymen sozialen Netzwerken finden junge Leute wieder zurück zum Alten, Verlässlichen. Der Dackel wird zum Wunschobjekt; egal ob als Sinnbild einer Landlust-Idylle oder modischer Hipster-Hund in Berlin Mitte und Manhattan. Er ist und bleibt ein Universalgenie mit Dackelblick, dem sich niemand entziehen kann. Mit den beiden Kurzhaardackeln Moni und Seppi begleitet nun schon die dritte Generation von Dackeln das Leben der beiden Museumschefs: „Wenn das so weitergeht", sind sie sicher, „steht der Dackel bald wieder ganz oben. Wo er hingehört!"

Im Hundesalon: Immer die Hormone

„Geht's denn dem Dombu wieder besser?", fragt Beate, als ein zotteliges Etwas in den Salon geführt wird. Nur an der Bewegungsrichtung erkennt man, wo vorn ist und wo hinten. Haare bis zum Boden – ein bisschen Rasta-Look. Bei dem Mischling steht unverkennbar ein Ungarischer Hirtenhund in der nicht per Stammbaum dokumentierten Ahnenreihe. Waschen mit dem pH-neutralen Shampoo steht an, ein wenig entfilzen und schneiden, damit Dombu nicht auf Schritt und Tritt wie ein Mob mit seinen Haaren den Boden fegt. Aber nicht Zecken und Kletten, die Frauchen nach jedem Spaziergang aus dem Fell puhlt, sind das Problem. Dombu hatte es mit der Prostata. Und das schon im zarten, postpubertären Alter von 18 Monaten. Hob er sein Bein, dann tröpfelte es nur. Dombu wimmerte und litt. Der Tierarzt fand die Ursache des Problems: Die zuerst vermutete Blasenentzündung konnte ausgeschlossen werden. Man könnte sagen, Dombu litt an Liebespein. In der Nachbarschaft waren zwei Hündinnen heiß geworden. Der verführerische Duft kurbelte die Hormonproduktion des jungen Rüden so an, dass seine Prostata mächtig Samenflüssigkeit produzierte, die aber keinen Ausweg fand. Eine Spritze mit Hormonblocker dämpfte Dombus Leidenschaft und ließ die Prostata auf ein normales Maß schrumpfen, sodass jedes Beinheben endlich wieder von einem befriedigenden Strahl gekrönt wurde.
Hunde haben es nicht leicht mit dem Sexleben. Tierschützer kastrieren Streuner beiderlei Geschlechts in südlichen Ländern und anderswo. Hierzulande werden heiße Hündinnen in Quarantäne weggesperrt, Rüden, die es mal – ganz gleich wo – ob am Bein, dem Sofakissen oder einem Partner probieren, werden mit einem heftigen „Pfui" unterbrochen und weggeschoben. Ein französischer Designer hat ein Spielzeug entwickelt, das wenigstens schmachtenden Rüden helfen soll.

Normal langt man da ja nicht hin

Bei Hunden kann man über solche Themen ganz offen und ungeniert sprechen. Was sicher auch für sie ganz in Ordnung ist. Haben Hunde etwa eine Intimsphäre? Dann würden sie sicher nicht bei jeder Begegnung auch unter Fremden auf der Stelle auf jene Körperteile losgehen, die der Brite so fein als „Private Parts" bezeichnet. Hunde haben bekanntlich auch keine Probleme damit, ihr Genital öffentlich abzuschlecken, den Paarungsakt an Menschenbeinen, Kissen, Plüschtieren zu erproben oder auch vor aller Augen mit einem Hundepartner zu vollziehen, wenn sich denn die Möglichkeit dazu bietet.

Beim Hundefriseur werden die „Private Parts" der Rüden nicht anders behandelt als Ohren, Schwanz oder Pfoten. Zu Recht gerückt, zur Seite geschoben, festgehalten und per Schere oder Maschine von Haaren befreit. Aber wie bei Dombu sind sie immer wieder Thema im Salon. „Da langt man ja normal nicht hin", sagt Beate, „aber manchmal ist es doch ganz gut." Bei einem Rüden hatte sie einen Knubbel gefühlt, der da nicht hingehörte. „Gehen Sie lieber mal zum Tierarzt", sagte sie dem Frauchen, „da stimmt was nicht." Der Tierarzt stellte tatsächlich einen beginnenden Hodenkrebs fest. Früh genug für eine erfolgreiche Behandlung. Beate: „Die Kundin war mir so dankbar. Manchmal sind wir sowas wie eine Anlaufstelle für Gesundheitsfragen." Und manchmal ist der Friseur auch gefragt, wenn ein Problem zu lösen ist.

Von Steh- und Sitzpinklern

Da war doch dieser Rüde Max, ein Stammkunde, der aus einem höchst ungewöhnlichen Grund jedes Mal bauch- und brustseitig besonders kurz geschoren werden musste. Denn hier war das Fell als Tropfenfänger wegen einer Marotte häufig unangenehmer Nässe ausgesetzt. Anstatt ganz lässig nur ein Bein zu heben, vollführte Max jedes Mal eine zirkusreife Nummer. Er stellte sich

nämlich beim Markieren auf seine Vorderbeine und ließ sein Wasser im steilen Handstand. Das präsentierte er auch an der Hainbuche vorm Salon, an der er sich vor der Schur erleichterte. Max hatte einfach zu viel vom Hormon Testosteron im Blut. Das macht den Unterschied zwischen Hündin und Rüden beim Wasserlassen. Bis zur Pubertät hocken sich beide Geschlechter einfach hin. Mit Einsetzen der Testosteron-Produktion in den Hoden werden die Rüden zu Stehpinklern, während die Weibchen es weiter in der Hocke tun. Ist die Hormonproduktion zu heftig, gibt's die Superrüden, die es im Handstand tun. Für die Botanik – nicht nur vor Beates Salon – macht es einen großen Unterschied, wer seine Marke hinterlässt. Denn bei Rüden hinterlässt die Markierung keine Spuren – bei Weibchen allerdings wird das Gras an der besuchten Stelle gelb. Was einfach daran liegt, dass Hündinnen eine viel größere Menge auf einmal absondern. Der grüne Blattfarbstoff im Gras wird bleich, und wenn es nicht bald darauf regnet, gibt es einen gelben Fleck auf dem Rasen.
Seit einem Eingriff beim Tierarzt ist unser hypersexy Max nun auch zum rasenversengenden Sitzpinkler geworden. Damit der Verlust der Hoden keine weiteren Komplexe auslöst und eventuell einen Abstieg in der Hundehierarchie zur Folge hat, implantierte der Tierarzt anstelle der echten Hoden welche aus Silikon. Die gibt's im Versandhandel von XXS-Chihuahua-Größe bis zur Größe von XL-Hühnereiern. Daran sollte man nicht sparen, sagte sich Herrchen und spendierte seinem Liebling einen imposanten Satz dicker Eier, die sich beim Gassi gehen aber wirklich sehen lassen können.

Das Universum vergisst nicht

In einer US-amerikanischen Variante der TV-Sendung „Vorsicht Kamera" wird ein Hydrant auf dem Gehweg präpariert. Und zwar so, dass er per Fernauslöser Wasser spritzt, wenn ein Hund an ihm stehenbleibt. Hunde, die an diesem heimtückischen Wasserspeier ihr Bein heben, werden so quasi selbst zu überraschten Opfern einer Pinkel-Attacke. Was überaus lustige und erstaunte Gesichter der gefoppten Tölen provoziert. So was haben sie ja noch nie erlebt! Man freut sich auf jeden neuen Besuch. Schadenfreude pur und ein Schuss Gerechtigkeit. Sieht man doch auf einmal im Hydranten eine Persönlichkeit mit Gefühlen, die sich endlich auch einmal Respekt verschafft. Muss es denn Schicksal dieses nützlichen Geräts am Straßenrand sein, Tag für Tag immer wieder von wildfremden Passanten angepisst zu werden? Vielleicht ist es ja ein Naturgesetz oder ein Wink des Universums

Seit es Laternen und Hydranten an unseren Straßen gibt, kann kein Rüde einfach so daran vorbeigehen.

oder höherer Mächte, dass auch scheinbar wehrlose Opfer gelegentlich zurückschlagen. Nehmen sie nur Foxterrier-Mischling Alfie und ihr schwieriges Verhältnis zum Gras. Wie wir wissen, hat so ein Rasen unter weiblichen Hunden mehr zu leiden als ein Hydrant oder Baum unter dem wohldosierten Strahl eines Rüden. Doch in diesem Fall ist die Hündin das Opfer. Gras macht sie fleckig – nicht umgekehrt. Denn Alfie gehört zu einer neuen Generation von Hunden, die unter Allergien leiden. Hat man so was früher nicht bemerkt, nicht darüber gesprochen oder gab es bei Tieren keine markanten Allergien?

Wie es aussieht, hat diese seit längerem unter Menschen grassierende Überempfindlichkeit gegen Blütenpollen und allerlei andere organische Stoffe in der Umwelt und Nahrung auch seinen Hund erreicht. Verschiedene Ärzte machen hohe Hygienestandards verantwortlich für das Überschießen des Immunsystems, das Blütenpollen genauso heftig bekämpft wie Viren. Wer Bandwürmer oder andere Parasiten in seinen Eingeweiden hat, soll angeblich keine Probleme mit Allergien haben, weil sein Immunsystem mit wichtigeren Aufgaben beschäftigt ist. Die Theorie hat was für sich, weil ja auch unsere Hunde konsequent entwurmt werden. Völlig wurmfrei hätte ihre Immunabwehr somit Spielraum für allerlei Sperenzchen. Alfie, ausgerechnet die Alfie, die im Englischen Garten so gern dem Tennisball nachwetzt, verträgt keine Gräser. Und weil solche Unverträglichkeit in der langen Geschichte der Hundehaltung bis vor kurzem nicht üblich war, wurde die Ursache der roten Punkte am Bauch erst spät erkannt.

Frauchen Caroline dachte erst an Flöhe. Sie wusch Alfie mit Anti-Floh-Shampoo, puderte sie und desinfizierte das Schlafkörbchen. Doch es wurde und wurde nicht besser – ständig musste sich Alfie kratzen. Beate vom Hundesalon hatte schon von solchen Fällen gehört und tippte auf Allergie. Nach Versuchen mit wechselnder Nahrung konnte eine Allergie auf Futter ausgeschlossen werden. Weil es nach Spaziergängen ins Grüne besonders juckte, kam der Tierarzt schließlich auf Pollenallergie.

Pflanzenpollen auf der Haut hatten sie ausgelöst und es wurde immer schlimmer. Eine Desensibilisierung, wie sie bei Menschen vorgenommen wird, ist für Hunde noch nicht möglich. Was tun? Mit einem Sinn fürs Praktische fand Caro einen Weg, die Pollen von der empfindlichen, besonders betroffenen Bauchseite fernzuhalten. Alfie bekam einen hautengen, elastischen Ganzkörperanzug aus Lycra. Seitdem kann sie beschwerdefrei durch hohes Gras und durch Büsche laufen. „Manche Leute gucken mich komisch an, weil ich meinen Hund im Sommer und bei bestem Wetter mit einem Ganzkörperanzug ausführe – aber im Winter, bei Schnee und Eis brauchen wir den nicht – da gibt's eh kein frisches Gras."
Alfie scheint zu verstehen, warum sie den Anzug braucht. „Kaum hole ich die Leine vom Haken, packt sie das Lycra-Teil und bringt es mir. Dann stellt sie sich so hin, dass ich es ihr überziehen kann und hebt brav jede Pfote, damit sie hineinschlüpft. Der Stoff scheint sie überhaupt nicht zu stören – manchmal bleibt Alfie den ganzen Tag über angezogen. So ein Ganzkörperschutz hat auch den Vorteil, dass die Zecken weniger Angriffsfläche finden. Der angenehme Nebeneffekt für die Hausfrau: „Alfie haart nicht in die Wohnung. Abends dreh ich den Anzug auf Links und kann die ausgefallenen Haare einfach ausbürsten. Und mit der Mode geht sie auch: „Alfie hat schon eine kleine Garderobe voller Klamotten", verrät Caro, „manchmal gehen wir im Partnerlook. Ich denke, das macht sie stolz."

Rund um den Hund:
Hunde holen auf

Warum sollte es Hunden besser gehen als Menschen?! Jeder dritte ist übergewichtig, von Diabetes und Gelenkbeschwerden bedroht, geplagt von Allergien und Unverträglichkeiten gegenüber bestimmten Lebensmitteln, Laktose oder Gluten. Mit der fortschreitenden Kunst der Medizin ist die Lebenserwartung gestiegen. Verbunden damit ist eine Zunahme an Altersbeschwerden. Veterinäre werden mehr und mehr zu Hunde-Gerontologen, die Kreislauferkrankungen, Herzschwäche, Rheuma, Grauen Star, kranke Zähne, Diabetes, Schlaganfälle, Krebs und Altersdemenz behandeln. Auch was das Nervenkostüm betrifft, finden sich erstaunliche Parallelen zwischen Menschen und Hunden der modernen Zeit.

Doggy's Little Helper

Wie bei Kindern mit dem „Zappelphilipp-Syndrom" ADHS hat man die Symptome von Hyperaktivität und Unaufmerksamkeit bei Hunden festgestellt. Einige bekommen sogar schon Methylphenidat, das Medikament, das unter dem Handelsnamen „Ritalin" bekannt ist und weltweit einigen Millionen Schulkindern helfen soll, sich im Unterricht auf den Lernstoff und den Lehrer zu konzentrieren. Ursprünglich wurde es massenhaft eingesetzt, um Soldaten und Jagdflieger im Zweiten Weltkrieg konzentriert und dauerhaft wach zu halten, wenn der normale Rhythmus den Schlaf forderte, den man sich angesichts der Lage aber nicht leisten konnte.

Auch für weniger kritische Lebenslagen als Schule und Kriege hat die Pharmazie passende Pillen entwickelt. Viele Menschen der sogenannten Ersten Welt, den Industriestaaten mit ihrem

Wohlstand fühlten sich von den modernen Zeiten einfach überfordert. Für sie brachte die Pharmaindustrie in den 60er Jahren Happy Pills –„Glücklichmacher" – auf den Markt. Mit dem Titel „Mother's Little Helper" machten die Rolling Stones – in Punkto rezeptfreier Psychodrogen nicht gerade Kostverächter – die Stimmungsaufheller, die jedem eine rosarote Brille aufsetzten, zum Thema eines Welthits.

Nicht nur die Kinder, auch die Männer, die Dinge ringsum und das ganze Leben lassen Mutter in diesem Lied der Stones aus dem Jahr 1965 unter den schützenden Schirm von Psychopillen flüchten. Trotz der kritischen Haltung vieler, werden Tranquilizer wie Valium, Adumbran, Tavor und andere Diazepane von mehr Menschen denn je eingenommen. Für Senioren scheinen sie fast schon so dazuzugehören, wie Zahnersatz. In vielen Industriestaaten nimmt jeder dritte im Rentenalter täglich Diazepane.

Auch für unsere Hunde scheinen sich die Lebensumstände so sehr verändert zu haben, dass sie inzwischen für ihr seelisches Gleichgewicht dieselben Psychopillen benötigen. Der weltweite Umsatz der Diazepane bei Hunden hat sich seit der Jahrtausendwende bis heute auf fast zehn Milliarden Dollar verfünffacht.

Medizin

Wer der Chemie misstraut, der baut auf Naturheilmittel. Entsprechend dem Trend wünschen Patienten sich von ihrem Tierarzt zunehmend Homöopathisches wie Bachblüten, Globuli, Tees und Öle für ihren Liebling. Starke Ressentiments bestehen auch gegen Impfungen. Die von Ärzten beklagte Impfmüdigkeit der Bevölkerung, die eine bedenkliche Zunahme von Masern und Keuchhusten zur Folge hat, zeichnet sich auch schon bei Hundehaltern ab. Die tödlichen Infektionserkrankungen Parvovirose und Staupe sind auf dem Vormarsch. Wofür allerdings auch manche schwarze Schafe unter den Züchtern verantwortlich sind, die sich das Geld für den Tierarzt sparen. Auch die zahllosen von Tierfreunden als herrenlose Streuner aus Urlaubsländern mitgebrachten Hunde tragen zum Infektionsrisiko bei.

Ernährung

Die großen Hersteller von Tiernahrung testen ihre Rezepturen und optimieren sie, wie es auch in der Lebensmittelindustrie üblich ist. Bewertet wird hier natürlich nicht nach Noten und Punkten, sondern der Nase nach. Welche Rezeptur wird von den meisten Hunden bevorzugt? Danach ist allerdings Schluss mit der Wahlmöglichkeit für Bello. Das Leben ist kein Wunschkonzert. Es wird gegessen, was in den Napf kommt – das kann vom Discounter sein, aus dem Internet oder aus der Boutique. Für jedes Alter, jede Größe gibt's die wissenschaftlich empfohlene Diät. Traurig für einen zunehmenden Prozentsatz von Hunden, wenn Herrchen oder Frauchen eingefleischter (geht das überhaupt?) Vegetarier oder Veganer ist und der Hund sich auch entsprechend ernähren muss.

Erziehung

Einige unserer Lehrer liefen im Unterricht noch mit dem Rohrstock in der Hand herum. Was die damit anfingen, hatten wir schon oft genug gesehen oder schmerzhaft erlebt. Und so ging es im Unterricht disziplinierter zu als heute, wo ein Pauker so auf der Stelle seinen Job los wäre. Der richtige Erziehungsweg scheint aber noch nicht gefunden – Eltern diskutieren darüber, konsultieren Psychologen, Pädagogen, Beratungsstellen, lesen Ratgeber, stecken viel Zeit und Geld in die Nachhilfe.
Auch in der Hundeerziehung hat sich nach der Ära von Stock, Stachelhalsband und fernbedienten Elektroschockern Ratlosigkeit breitgemacht. Vielsagend ist die Zahl der Hundeschulen, die

überall wie Pilze aus dem Boden schießen. Die predigen in der Regel den von Haltern gern gesehenen, sanften Weg aus Liebe, Verständnis, Belohnung in Form von Streicheleinheiten und mitgeführten Leckerli. Besonders gegen die stets paraten Leckerli melden Hundekenner wie Beate neuerdings Einspruch ein. „Ein Hund soll nicht auf diese Belohnung spekulieren, sondern sich als Teil des Teams fühlen. Bayern München gibt Manuel Neuer doch auch nicht jedes Mal einen Schokoriegel, wenn er einen Ball gehalten hat."

Sport

Die Geschwindigkeit des Lebens im Zeitalter der Computer und Handys hat zugenommen. Viele Tätigkeiten in der Produktion sind automatisiert, werden von Maschinen erledigt. Bewegungsmangel gilt als eine der großen Gefahren für die Gesundheit. Immer mehr Menschen suchen einen Ausgleich im Sport.
Auch unseren Hunden – sofern sie nicht als Schoßhunde mit der Bestimmung für ein Leben auf den Polstern gezüchtet wurden – fehlt oft die Herausforderung körperlicher Arbeit. Gesundheitliche Schäden und Verhaltensstörungen können die Folge sein. Welcher Hütehund hat denn noch seine Herde, welcher Jagdhund in der Stadt stöbert und folgt Spuren, welcher Terrier kämpft mit Fuchs und Dachs, welcher Wasserhund springt in den See, um Herrchen die geschossene Ente zu bringen? Hundefreunde haben dieses Manko unserer modernen Zeit erkannt. Sie nehmen ihren Liebling mit beim Joggen, Skaten, Wandern – oder je nach Neigung zum Hundesportplatz. Ja, es gibt sogar Wochenend-Arrangements auf dem Land, wo der Hütehund aus der Stadt sich stundenweise als Chef einer gemieteten Schafherde fühlen darf.

Keiner kennt uns besser

Manche können sich einfach nicht riechen. Einer mag keine großen oder schwarzen Hunde oder bestimmte Rassen ... „Ist ihrer ein Weibchen?“, fragt man vorsichtig als Halter, wenn man weiß, dass die eigene Hündin sich damit nicht verträgt und geht dem anderen aus dem Weg. Manchem Rüden stellt sich das Rückenhaar auf, wenn er einem anderen Rüden begegnet. Dabei gibt es auch immer wieder Ausnahmen – persönliche Freundschaften, in denen die Vorbehalte vergessen sind.
Oft hört man von einer unglaublichen Menschenkenntnis, die mancher seinem Hund zuschreibt. Unser Airedale Terrier Terry war eine Seele von Hund, er war beliebt bei den Nachbarn. Nur einen jungen Mann aus dem Ortsteil konnte er partout nicht leiden. Ich hatte alle Mühe, Terry an der Leine zu halten, wenn wir ihn nur aus der Ferne sahen. Das Gerücht ging um, dass er als Exhibitionist an einem nahen Spielplatz aufgefallen war. Was einem Terrier ja eigentlich egal sein sollte. Doch offensichtlich spürte Terry meine Ressentiments und wollte mir zeigen, dass er auf meiner Seite war.
Was sagt uns das über die mutmaßliche Menschenkenntnis der Hunde? Wir sollten nicht in die Falle tappen zu glauben, dass sie jedermann in unserer Umgebung aus freien Stücken beurteilen. Vielmehr tauchen sie als Spezialisten in die Gefühlswelt ihrer Menschenfamilie ein und äußern freimütig, was wir im Innersten fühlen. Auch dann, wenn wir es womöglich selbst nicht wissen oder wahrhaben wollen. Heute gibt es Hunde, die Diabetiker aufmerksam machen, wenn ihr Blutzuckerspiegel sinkt, andere warnen Epileptiker vor dem nahenden Anfall. Die Patienten selbst würden die bedrohlichen Veränderungen in ihrem Körper gar nicht bemerken.
Hunde freuen sich mit uns, trösten und schenken uns ihre bedingungslose Liebe. In einigen tausend Generationen des Zusammenlebens haben sie einen siebten Sinn für ihre Menschen entwickelt, so fein wie ihre legendären Nasen.

BILDNACHWEISE

S. 5 Astrid Larsen
S. 12, 15 Claus M. Schmidt
S. 16 Elke Jaeger
S. 20, 21, 23, 24 Horst Machtans
S. 26, 27 Jaroslav Vogeltanz, Fritz Schmidt
S. 32 Claus M. Schmidt
S. 36, 38, 43, 44 Elke Jaeger, Eva Schmidt
S. 48, 49 Kentucky State Police, animal.press
S. 50 animal.press
S. 57 Friedrich Schmidt
S. 64 Ren Netherland, barcroftmedia
S. 70, 71, 76, 78, 79, 80, 81 Claus Schmidt, Eva Schmidt
S. 85 Dackelmuseum Passau
S. 92, 94 & 95 Werner Schmäing
S. 105, 107 Sam Barcroft, animal.press
S. 121, 122 Astrid Larsen
S. 127, 128 Norbert Loh
S. 130 Claus M. Schmidt
S. 134 Gerhard Gronefeld, animal.press
S. 136, 139 Dackelmuseum Passau
S. 138 Claus M. Schmidt, animal.press

Fotolia/stock.adobe.com
S. 10 ©Santiago Nunez
S. 29 ©Georgios Kollidas; ©Nejron Photo; © Ljupco Smokovski
S. 39 ©DoraZett
S. 41 ©Poprotskiy Alexey; ©Aleksey
S. 47 ©Gianfranco Bella
S. 54 ©chalabala
S. 55 ©Javier brosch
S. 60 ©adogslifephoto; ©Tatiana Katsai
S. 66 ©Daniel
S. 67 ©Daniel
S. 68 ©hedgehog94
S. 96 ©Monkey Business
S. 98 ©Angela Rohde
S. 99 ©DoraZett
S. 101 ©Willee Cole
S. 102/103 ©DoraZett
S. 112 ©juefraphoto
S. 114 ©Sebastian Jakob; ©LFRabanedo; ©lifedog
S. 118 ©Alexandra Hollstein
S. 131 ©Joy Fera
S. 132 ©elenagrigorieva